中国重要农业文化遗产系列读本

闵庆文　赵英杰　◎丛书主编

河北 HEBEI 宽城传统板栗栽培系统

KUANCHENG CHUANTONG BANLI ZAIPEI XITONG

许中旗　闵庆文　主编

中国农业出版社

农村读物出版社

北京

图书在版编目（CIP）数据

河北宽城传统板栗栽培系统 ／ 许中旗，闵庆文主编.
—北京：中国农业出版社，2019.11
（中国重要农业文化遗产系列读本／闵庆文，赵英杰主编）
ISBN 978-7-109-25869-3

Ⅰ．①河…　Ⅱ．①许…　②闵…　Ⅲ．①板栗－果树园艺－研究－宽城满族自治县　Ⅳ．① S664.2

中国版本图书馆 CIP 数据核字 (2019) 第 195293 号

河北宽城传统板栗栽培系统

中国农业出版社出版

地址：北京市朝阳区麦子店街 18 号楼
邮编：100125
责任编辑：张　丽
责任校对：巴红菊
印刷：中农印务有限公司
版次：2019 年 11 月第 1 版
印次：2019 年 11 月第 1 次印刷
发行：新华书店北京发行所发行
开本：710mm×1000mm　　1 /16
印张：9.25
字数：112 千字
定价：49.00 元

编写委员会

丛书主编：闵庆文　赵英杰

主　　编：许中旗　闵庆文

副主编：李长江　李树才　张文林

参编人员（按姓氏笔画排列）：

王　丽　刘乐乐　李玉芹　李林俊　杨　柳

张永勋　赵贵根　姜玲玲　姚明辉　郭春梅

桑　燕

丛书策划：宋　毅　刘博浩　张丽四

我国是历史悠久的文明古国，也是幅员辽阔的农业大国。长期以来，我国劳动人民在农业实践中积累了认识自然、改造自然的丰富经验，并形成了自己的农业文化。农业文化是中华五千年文明发展的物质基础和文化基础，是中华优秀传统文化的重要组成部分，是构建中华民族精神家园、凝聚中华儿女团结奋进的重要文化源泉。

党的十八大提出，要"建设优秀传统文化传承体系，弘扬中华优秀传统文化"。习近平总书记强调，"中华优秀传统文化已经成为中华民族的基因，植根在中国人内心，潜移默化地影响着中国人的思想方式和行为方式。今天，我们提倡和弘扬社会主义核心价值观，必须从中汲取丰富营养，否则就不会有生命力和影响力"。云南哈尼族稻作梯田、江苏兴化垛田、浙江青田稻鱼共生系统，无不折射出古代劳动人民吃苦耐劳的精神，这是中华民族的智慧结晶，是我们应当珍视和发扬光大的文化瑰宝。现在，我们提倡生态农业、低碳农业、循环农业，都可以从农业文化遗产中吸收营养，也需要从经历了几千年自然与社会考验的传统农业中汲取经验。实践证明，做好重要农业文化遗产的发掘保护和传承利用，对于促进农业可持续发展、带动遗产地农民就业增收、传承农耕文明，都具有十分重要的作用。

中国政府高度重视重要农业文化遗产保护，是最早响应并积极支持联合国粮农组织全球重要农业文化遗产保护的国家之一。经过十几年工作实践，我国已经初步形成"政府主导、多方参与、分级管理、利益共享"的农业文化遗产保护管理机制，有力地促进了农业文化遗产的挖掘和保护。2005年以来，已有15个遗产地列入"全球重要农业文化遗产名录"，数量名列世界各国之首。中国是第一个开展国家级农业文化遗产认定的国家，是第一个制定农业文化遗产保护管理办法的国家，也是第一个开展全国性农业文化遗产普查的国家。2012年以来，农业部①分三批发布了62项"中国重要农业文化遗产"②，2016年发布了28项全球重要农业文化遗产预备名单。2015年颁布了《重要农业文化遗产管理办法》，2016年初步普查确定了具有潜在保护价值的传统农业生产系统408项。同时，中国对联合国粮农组织全球重要农业文化遗产保护项目给予积极支持，利用南南合作信托基金连续举办国际培训班，通过APEC（亚洲太平洋经济合作组织）、G20（20国集团）等平台及其他双边和多边国际合作，积极推动国际农业文化遗产保护，对世界农业文化遗产保护做出了

---

①农业部于2018年4月8日更名为农业农村部。

②截至2019年9月，农业农村部共发布四批91项"中国重要农业文化遗产"。

重要贡献。

当前，我国正处在全面建成小康社会的决定性阶段，正在为实现中华民族伟大复兴的中国梦而努力奋斗。推进农业供给侧结构性改革，加快农业现代化建设，实现农村全面小康，既要借鉴世界先进生产技术和经验，更要继承我国璀璨的农耕文明，弘扬优秀农业文化，学习前人智慧，汲取历史营养，坚持走中国特色农业现代化道路。"中国重要农业文化遗产系列读本"从历史、科学和现实三个维度，对中国农业文化遗产的产生、发展、演变以及农业文化遗产保护的成功经验和做法进行了系统梳理和总结，是对农业文化遗产保护宣传推介的有益尝试，也是我国农业文化遗产保护工作的重要成果。

我相信，这套丛书的出版一定会对今天的农业实践提供指导和借鉴，必将进一步提高全社会保护农业文化遗产的意识，对传承好弘扬好中华优秀文化发挥重要作用！

农业部部长　韩长赋

2017年6月

自有人类历史文明以来，勤劳的中国人民运用自己的聪明智慧，与自然共融共存，依山而住、傍水而居，经过一代代努力和积累，创造出了悠久而灿烂的中华农耕文明，成为中华传统文化的重要基础和组成部分，并曾引领世界农业文明数千年，其中所蕴含的丰富的生态哲学思想和生态农业理念，至今对于世界农业可持续发展依然具有重要的指导意义和参考价值。

针对工业化农业所造成的农业生物多样性丧失、农业生态系统功能退化、农业生态环境质量下降、农业可持续发展能力减弱、农业文化传承受阻等问题，联合国粮农组织（FAO）于2002年在全球环境基金（GEF）等国际组织和有关国家政府的支持下，发起了"全球重要农业文化遗产（GIAHS）"项目，以发掘、保护、利用、传承世界范围内具有重要意义的，包括农业物种资源与生物多样性、传统知识和技术、农业生态与文化景观、农业可持续发展模式等在

内的传统农业系统。

全球重要农业文化遗产的概念和理念甫一提出，就得到了国际社会的广泛响应和支持。截至2014年年底，已有13个国家的31项传统农业系统被列入GIAHS保护名录。经过努力，在2015年6月结束的联合国粮农组织大会上，已明确将GIAHS工作作为一项重要工作，纳入常规预算支持。

中国是最早响应并积极支持该项工作的国家之一，并在全球重要农业文化遗产申报与保护、中国重要农业文化遗产发掘与保护、推进重要农业文化遗产领域的国际合作、促进遗产地居民和全社会农业文化遗产保护意识的提高、促进遗产地经济社会可持续发展和传统文化传承、人才培养与能力建设、农业文化遗产价值评估和动态保护机制与途径探索等方面取得了令世人瞩目的成绩，成为全球农业文化遗产保护的榜样，成为理论和实践高度融合的新的学科生长点、农业国际合作的特色工作、美丽乡村建设和农村生态文明建设的重要抓手。自2005年"浙江青田稻鱼共生系统"被列为首批"全球重要农业文化遗产系统"以来的10年间，我国已拥有11个全球重要农业文化遗产，居于世界各国之首；2012年开展中国重要农业文化遗产发掘与保护，2013年和2014年共有39个项目得到认定，成为最早开展国家级农业文化遗产发掘与保护的国家；重要农业文化遗产管理的体制与机制趋于完善，并初步建立了"保护优先、合理利用，整体保护、协调发展，动态保护、功能拓展，多方参与、惠益共享"的保护方针和"政府主导、分级管理、多方参与"的管理机制；从历史文化、系统功能、动态保护、发展战略等方面开展了多学科综合研究，初步形成了一支包括农业历史、农业生态、农业经济、农业政策、农业旅游、乡村发展、农业民俗以及民族学与人类学等领域专家在内的研究队伍；通过技术指导、示范带动等多种途径，有效保护了遗产地农业生物多样性与传统文化，促进了农业与农村的可持续发展，提高了农户的文化自觉性和自豪感，改善了农村生态环境，带动了休闲农业与乡村旅游的发展，提高了农民收入与农村经济发展水平，产生了良好的生态效益、社会效益和经济效益。

习近平总书记指出，农耕文化是我国农业的宝贵财富，是中华文化的重要组成部分，不仅不能丢，而且要不断发扬光大。农村是我国传统文明的发源地，乡土文化的根不能断，农村不能成为荒芜的农村、留守的农村、记忆中的故园。这是对我国农业文化遗产重要性的高度概括，也为我国农业文化遗产的保护与发展指明了方向。

尽管中国在农业文化遗产保护与发展上已处于世界领先地位，但比较而言仍然属于"新生事物"，仍有很多人对农业文化遗产的价值和保护重要性缺乏认识，加强科普宣传仍然有很长的路要走。在农业部农产品加工局（乡镇企业局）的支持下，中国农业出版社组织、闵庆文研究员及赵英杰担任丛书主编的这套"中国重要农业文化遗产系列读本"，无疑是农业文化遗产保护宣传方面的一个有益尝试。每本书均由参与遗产申报的科研人员和地方管理人员共同完成，力图以朴实的语言、图文并茂的形式，全面介绍各农业文化遗产的系统特征与价值、传统知识与技术、生态文化与景观以及保护与发展等内容，并附以地方旅游景点、特色饮食、天气条件。可以说，这套书既是读者了解我国农业文化遗产宝贵财富的参考书，同时又是一套农业文化遗产地旅游的导游书。

我十分乐意向大家推荐这套丛书，也期望通过这套书的出版发行，使更多的人关注和参与到农业文化遗产的保护工作中来，为我国农业文化的传承与弘扬、农业的可持续发展、美丽乡村的建设做出贡献。

是为序。

李文华

中国工程院院士

联合国粮农组织全球重要农业文化遗产指导委员会主席

农业部全球／中国重要农业文化遗产专家委员会主任委员

中国农学会农业文化遗产分会主任委员

中国科学院地理科学与资源研究所自然与文化遗产研究中心主任

2015年6月30日

　　河北省宽城满族自治县是著名的"京东板栗"的核心分布区。宽城板栗不仅具有色泽光亮，果实易储、易剥的特点，而且入口香甜清脆，味道圆醇，风味独特，有"中国板栗在河北，河北板栗在宽城"的美誉。板栗既可作粮食，又可作果品，并可入药，与枣、柿并称"铁杆庄稼""木本粮食"，并被冠以"干果之王""山中药""树上饭"之美名。宽城的板栗栽培已有3 000多年的历史，历经数千年而久盛不衰，体现了人与自然的和谐。宽城地处燕山山脉，光照充足、雨热同期、昼夜温差大、土壤富含铁等微量元素的自然条件非常适宜板栗生长。河北宽城传统板栗栽培系统中的各种栽培和管理措施，如修建梯田、林下间作、林下养殖、有机肥使用、生物防治等，不但有利于提高板栗的产量，还有利于提高土壤肥力，防止水土流失，维持丰富的生物多样性，有效防止病虫草的危害。传统的栽培管理技术使得板栗林下的土壤肥力得到维持，产量也能够长期维持在较高水平，是一种典型的可持续农业生产模式。板栗在宽城县的农业生产中占有非常重要的地位，是当地农民主要的收入来源，板栗带来的经济收益占当地农业收入的80%以上。板栗与宽城人的生活息息相关，形成了独特的板栗文化，体现在饮食、民俗礼仪、历史传说等各个方面。当地人将板栗看作是吉祥的象征，喻示吉利、立子（生儿子）、立志和胜利。2014年，河北宽城传统板栗栽培系统以其悠久的历史、独特的产品、完善的知识体系和丰富的文化内涵，被列入中国重要农业文化遗产名录。

本书为中国农业出版社出版的"中国重要农业文化遗产系列读本"之一，旨在挖掘宽城板栗文化、推广传统板栗栽培技术、保护传统农业瑰宝。本书共分七部分：引言主要介绍宽城传统板栗栽培系统的概况；"走进塞外明珠——宽城"主要介绍了宽城的历史、满乡文化、经济发展及风景名胜；"铁杆庄稼——板栗"主要介绍了宽城板栗的栽培历史、食药价值和产业地位；"独特的宽城板栗栽培系统"主要介绍了宽城板栗的自然生长条件、传统知识、生态效益及栽培技术等；"板栗文化"则主要介绍了与板栗有关的传统文化；"宽城板栗的未来"主要介绍了保护和传承宽城传统板栗栽培系统所面临的问题、机遇及保护和发展措施；附录部分主要介绍了宽城大事记、宽城旅游资讯和全球以及中国的重要农业文化遗产名录。

本书是在宽城传统板栗栽培系统文化遗产申报书、保护与发展规划的基础上编写完成。本书由闵庆文、许中旗设计框架，闵庆文、许中旗、李长江、李树才、张文林、李林俊、桑燕、姜玲玲、杨柳撰写。本书在编写过程中得到了宽城满族自治县有关部门和领导的大力支持，在此一并表示感谢。因水平有限，书中难免存在不当和谬误之处，敬请广大读者批评指正。

编者

2019年7月

目录

河北宽城传统板栗栽培系统

板栗是原产于我国的重要木本粮食果树，其果实营养丰富，味道鲜美，富含淀粉、蛋白质、脂肪及多种维生素和矿物质，既可生食、糖炒和烘食，又可制罐头、糕点等。板栗可作粮食，又可作果品，并可入药，与枣、柿并称"铁杆庄稼""木本粮食"，有"干果之王""山中药""树上饭"的美誉。板栗在我国的栽培历史悠久，春秋时期的《诗经》及其后的《战国策》《吕氏春秋》《史记》《广志》《本草纲目》中均有记载。

中国的"京东板栗"在世界上享有盛誉，而宽城满族自治县则处于京东板栗的核心分布区，有"中国板栗在河北，河北板栗在宽城"的美誉。宽城板栗不仅具有色泽光亮、易储、易剥的特点，而且入口香甜清脆，味道圆醇，风味独特。宽城板栗的独特品质与宽城独特的自然条件有关。宽城满族自治县位于河北省东北部，燕山山脉东段，明长城北侧，北纬40°17′～40°45′，东经118°10′～119°10′，全区总面积1 952平方千米，人口25.2万，辖18个乡镇，205个行政村。

宽城县平均海拔300～500米，属暖温带半湿润半干旱大陆性季风型燕山山地气候，为冷凉地区。全年无霜期139～175天，年平均气温8.6℃，最低气温－23℃，最高气温39℃，昼夜温差达12℃以上。年日照时数大于2 877小时，年降水量为748毫米左右。宽城光照充足、雨热同期、昼夜温差大、土壤富含铁等生态环境条件非常适宜板栗的生长，造就了独特的宽城板栗。

宽城板栗栽培已有3 000多年的历史，历经数千年而久盛不衰，形成了独特的宽城传统板栗栽培系统，体现了人与自然的和谐。该系统通过修建梯田、林下间作、使用有机肥等措施改善土壤条件，控制水土流失，维持丰富的生物多样性，是一种典型的可持续有机农业生产模式。

板栗在宽城县的农业生产中占有非常重要的地位。根据2017年宽城的统计数据，全县有板栗4 200万株，60万亩，占全县果树栽植面积的78%。宽城人均拥有3亩板栗林，板栗种植是当地农民主要的收入来源，板栗种植收益约占家庭总收益的80%。当地龙头企业的板栗系列产品通过了HACCP食品安全体系认证和ISO9001国际质量管理体系认证、英国BRC认证、美国的FDA认证，同时还通过了美国、日本、欧盟、中绿华夏四个有机食品认证和伊斯兰清真食品认证、犹太洁食认证等多项权威认证。板栗产品更是远销日本、泰国、美国、德国、加拿大、新加坡等28个国家和地区。2017年宽城县板栗产量达到4.3万吨，经济收入达到7.14亿元。

悠久的栽培历史形成了独特的板栗文化，体现在宽城人生活的各个方面。栗子在当地是吉祥的象征，喻示吉利、立子、立志、获利、官吏、胜利。当地人拜师、求学、升迁、商号开业，以及嫁娶庆寿，人们都以栗子相赠，以祝其大吉大利。大户人家娶妻生子，都要栽栗树以示纪念。夏秋季节，家家户户点燃栗花，用以驱赶蚊子和祛瘟。男女婚配，炕上的四角都要摆上栗子，以祝愿早早生子。供奉祖先、祭奠先人，也都把栗子作为首选之物。当地还流传着许多与板栗有关的历史传说。康熙曾途经宽河城，正值板栗成熟，食后赞曰："天下美味也。"乾隆皇帝吃过宽城板栗后写下了《食栗》诗："小熟大者生，大熟小者焦。大小得均熟，所待火候调。唯盘陈立几，献岁同春椒。何须学高士，围炉芋魁烧。"

但是，河北宽城传统板栗栽培系统也面临着严峻的挑战。宽城县矿产资源丰富，其分布与板栗具有明显的重合，矿业的发展对河北宽城传统板栗栽培系统的保护和传承带来了巨大威胁；另外，近年来农村劳动力流失问题严重，多数年轻人不愿从事板栗种植，使河北宽城传统板栗栽培系统的发展受到了严重影响。因此，亟须采取措施对其进行有效保护，使这一具有重要价值的农业文化遗产焕发新的生机。

一

走进塞外明珠——宽城

河北宽城传统板栗栽培系统

（一）历史宽城

宽城位于塞外长城脚下，因"元设宽河驿，明筑宽河城"而得名。宽城历史悠久，《十六国春秋·前燕录》中曾记载，"昔商辛氏游于海滨，留少子厌越，居北夷，邑于紫蒙之野"。"夷"指的便是燕山，在燕山东部最高峰都山脚下坐落着一个美丽的小城——宽城。宽城原名为宽河城，因位于宽河（今瀑河）南岸而得名，1989年6月29日国务院批准其改为宽城满族自治县。宽城满族自治县位于河北省承德市东南部，东近渤海，东北部与辽宁接壤，距北京约240千米，距天津约260千米。引滦入津工程的枢纽——潘家口水库像一条巨龙卧在县城西南，古长城从水下穿过。

据考证，早在3万年前的旧石器时期，宽城就有了人类活动。商朝时期，宽城属孤竹国，西周时期为北方山戎、东胡少数民族聚居地，是燕侯的势力范围。齐桓公曾率兵讨伐山戎，因此留下了"老马识途"的成语。春秋时期，宽城先属山戎地，后并入东胡。秦朝统一中国后，宽城仍属右北平郡管辖。秦汉战争期间，这一带被匈奴吞

汉代铁器
（深耕农具，宽城镇东冰窖村出土　1984年，
宽城满族自治县农业农村局／提供）

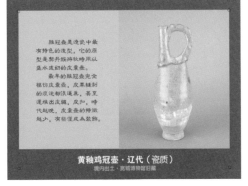

辽代瓷器
（生活用具，桲罗台乡西卜子村出土，
宽城满族自治县农业农村局／提供）

并。汉武帝时，大将李广到右北平郡当太守，让匈奴"避之数载，不敢入右北平"。后来乌桓人、鲜卑人长期生活在此地。三国时期，宽城是魏国疆土，属幽州右北平郡。曹操北征乌桓也在此留下足迹。隋朝时，大部分属于大隋辽西郡管辖。唐朝时期，归饶乐都督府管辖，在唐朝的统治下，奚族、契丹族生活在这里。宋辽夏金时期，宽城先属于大辽国泽州滦河县。辽亡后，归大金国中京路大定府神山县管辖。明朝洪武十九年（1386年）设宽河守御千户所，属北平府管辖。

唐代金银器
（峪耳崖镇大野鸡峪村出土　1984年，宽城满族自治县农业农村局／提供）

宽河城是明大将宋国公冯胜出松亭口（喜峰口）所筑四城之一。清朝对宽城的管辖更为直接有力，雍正元年（1723年）在今承德设置热河厅；雍正十一年（1733年），设承德直隶州，承德府；乾隆七年（1742年）废直隶州，仍设热河厅；乾隆四十三（1778年）年改为承德府；嘉庆十五年（1810年）设热河都统府。宽城均归承德（热河）管辖。

1912年，辛亥革命后取消府制，成

元代铜器
（打击乐器，俗称镲，东川乡篆字台村出土，宽城满族自治县农业农村局／提供）

明代铁器
（兵器，也称绊马钉，龙须门镇骆驼厂村王家庄出土，宽城满族自治县农业农村局／提供）

立热河特别区。1928年，国民政府改热河特别区为热河省，以承德为省会，管辖今宽城全境。日伪设宽城、汤道河、东大地三个警察署。宽城发生了众多惨案，更发生了许多可歌可泣的抗日壮举。1949年10月中华人民共和国成立，保留热河省，宽城全境均在热河境内。1949年5月25日，中共热河省委、省政府决定撤销青平县制，宽城大部划归青龙县管辖。1955年7月30日撤销热河省，宽城一带为承德地区行政专员公署管辖。1960年3月15日，承德地、市合并，宽城一带为承德市管辖。1961年5月，承德地、市分设，宽城一带又为承德地区行政专员公署管辖。1963年1月1日设立宽城县（国务院1962年10月20日批准），以合并青龙和承德县的部分行政区域为宽城县的行政区域。1991年，宽城满族自治县合乡并镇，辖5个镇、13个乡。1993年7月1日，承德地、市合并，实行市管县的管理体制，辖8县3区，宽城为承德市管辖。现今全县总面积1 952平方千米，辖18个乡镇，205个行政村，总人口约25.4万。

（二）满乡宽城

宽城满族自治县是少数民族聚居区，总人口约25.4万。其中，满族人口占总人口的64.5%，是河北省典型的民族大县。满族人起源于辽东，定居宽城的时间大约为清朝顺治年间，人口迁徙高峰为清朝康熙和乾隆时期，人口主要来源于八旗驻防镇守关口、分丁拨户创建新居、随军入关赏赐皇亲、奖励功勋跑马占圈、安设驿站传递公文和开采矿业逃荒迁居等。

据史志记载，康熙十六年（1677年）至康熙五十五年（1716年），康熙皇帝曾10次通过喜峰口和董家口御道，经宽城出巡塞外

康熙出巡图（宽城满族自治县农业农村局／提供）

康熙戎装像（承德避暑山庄博物馆藏品）
（宽城满族自治县农业农村局／提供）

去承德离宫（承德避暑山庄）或是过宽城境内。从康熙二十年（1681年）、康熙四十四年（1705年）、康熙五十二年（1713年）出巡线路可以看出康熙路经宽城，分别住过宽城东（今山后村附近）、喜峰口外北台（今桲罗台镇白台子村旧址）、宽城北五里（今宽城镇缸窑沟门、大马沟门往东一带大石矶）、冰窖（今宽城镇东冰窖、西冰窖一带）、大屯（今碾子峪镇大屯村）、蒙子岭（今孟子岭乡上、下孟子岭村一带）、龙须门（今龙须门镇下店村）7个地方。康熙皇帝曾作《巡幸出喜峰口过黄土崖》："紫塞双崖出，丹梯百尺悬。草香遮细路，树老卧晴烟。地为时巡到，山当隘口偏。何年留石室，驻马望层巅。"

宽城地处燕山山脉东部，地形崎岖，水源不足，所以多种植玉米、高粱、小米等粮食作物。满族饮食中最突出的特点便是"黏"，喜吃黏食是满族先人留下的习俗，黏食曾作为八旗兵丁的军粮，具有耐饥饿、易保存、便于携带的特点。喜食猪肉、爱喝酒也是满族人民的一大特色。"好养豕，食其肉，衣其皮"，满族先人在汉代便开始养猪。"饮酒无算，只用一木勺子，自上而下循环酌之"，这是满族人民饮酒的特点。此外，不吃狗肉、吃鱼忌说翻过来、节日食两餐等也是满族人民需要遵从的习俗。

满族是早期信奉萨满教的北方民族，其风俗的传承体现在祭祀活动中的歌舞和发式上。满族服装主要有旗袍、马褂、坎肩、套裤等；帽子分为凉帽和暖帽；鞋子多用绒、布、革制作。女人穿着要根据年龄来调整，男人则应穿着稳重大方，忌讳婚丧时衣服材质用缎子，因与"断子"谐音。婚娶方面，保留着坐轿、骑马、背铜镜、抱宝瓶、拿弓箭、迈马鞍、迈火盆、倒红毡、踩粮袋、坐福、抢炕头、拜天地等满族固有的习俗。

满族先人曾以狩猎为生，素有重视竞技的传统，如珍珠球、赛威呼、赛马、骑射、摔跤（布库）、打陀螺（抽冰嘎）、抓嘎啦哈（欻子）等。清代推崇"国语骑射"便是最好的证明。

（三）文化宽城

宽城满族自治县是一个多民族聚居的地方，除满族外，还包括回族、壮族、苗族、瑶族、蒙古族、朝鲜族等10个少数民族。多个民族的繁衍生息造就了宽城丰富多彩的文化。宽城满族自治县曾在1991年和1994年被评为"全国文化工作先进地区"和"河北省文化工作先进县"。目前，民歌、民族舞蹈、戏剧等带有宽城色彩的民俗活动百花齐放，多姿多彩。

鲜板栗
（宽城满族自治县农业农村局／提供）

板栗仁
（宽城满族自治县农业农村局／提供）

都山水豆腐
（宽城满族自治县农业农村局／提供）

1. 饮食文化

"民以食为天"，各式各样的饮食是对源远流长的中华文化的最美传承。在宽城，既有别具特色的板栗、栗蘑，也有都山水豆腐、扒鸡蛋、杏仁粥等地域美食，还有充满满族特色的黏米饽饽、发糕、饸饹等民族美味。

（1）板栗

宽城栽种和食用板栗的历史非常悠久，可以追溯到春秋时期，并形成了独具特色的板栗饮食文化。板栗可以生吃、熟吃，也可以做粥、馅、窝头；既可以做粮食食用，也可以做果品招待客人。在宽城，端午节粽子、中秋节月饼、腊八粥、年夜饭等一系列节日饮食中，都少不了栗子的身影。特色佳肴有栗子鸡、栗沙包、栗子糕、番薯栗子、栗子烧白菜，最为出名的当属糖炒栗子。"和以濡糖，借以粗砂"，这样才能达到"中实充满，壳极柔脆，手微剥之，壳肉易离而皮膜不粘"，难怪古人将糖炒栗子称为"灌糖香"。

（2）都山水豆腐

都山水豆腐又称亮甲台水豆腐，色泽洁白，晶莹透亮，状如豆腐脑，闻之清香扑鼻，食之爽滑细腻。与鲜葱末儿、红辣椒、香菇酱、榨菜丁配之，口感倍佳，令人回味无穷。

（3）扒鸡蛋

据传，扒鸡蛋为乾隆皇帝喜爱的招牌菜之一。表面金黄色泽，像是炒鸡蛋，入口却松软嫩滑。这道菜的做法是将高压锅烧至80℃左右，放入凉油80克，加入鸡蛋液（13个鸡蛋、400克水，调入盐、味精、鸡粉），马上加盖（不加高压阀），小火焖7～8分钟。这道菜的关键在于：①高压锅要干锅烧至80～90℃，大火烧2分钟，否则鸡蛋饼出不来。②凉油入锅，否则鸡蛋饼会煎糊。③不能加高压阀，否则锅内气压过高，鸡蛋会出现蜂窝。④必须小火焖7～8分钟，否则鸡蛋心部不熟。⑤只有选用地道的土鸡蛋，成菜色泽才会金黄。高压锅能使食物受热均匀，同时锅内温度比一般炒锅温度高，所以鸡蛋液能如同发糕一样迅速地涨起来。

（4）黏米饽饽

黏米饽饽，又称黏豆包、黄豆包或豆包，是一种满族的豆沙包类食物。满族人传统上喜欢黏性的食品，有利于他们在寒冷的天气里长时间地进行户外活动。黏米饽饽一般是冬季开始的时候制作，然后放入户外的缸中保存

黏豆包（陈国仁／提供）

过冬，不但营养均衡，更包含了古老的文化传承，是粗粮细作的先河。可蘸白糖吃，吃其香、甜、黏；也可拍成小圆饼用油煎吃，品其香、酥、脆。

（5）栗蘑

栗蘑，又称灰树花，生长于板栗树下，形态如莲，是一种珍贵的高档食用蕈菌。它不仅外形美观、味道爽口，最重要的是具有极高的营养成分和药用价值。每100克栗蘑含有蛋白质31.5克（其中

含有18种氨基酸，总量18.68克）、脂肪1.7克、粗纤维10.7克，碳水化合物49.69克、灰分6.41克，富含钾、磷、铁、锌、钙、硒和维生素E、维生素B_1、维生素B_2、维生素C、胡萝卜素等。其中，维生素B_1和维生素E含量是其他蘑菇的10～20倍，蛋白质的含量与鸡肉豆类相当。栗蘑富含膳食纤维，其含量是一般脱水蔬菜的3～5倍。

（6）撒糕

撒糕，俗称为切糕，是一种用黏米面与小豆合蒸而成的黏糕。撒糕的做法是先将磨好的小豆瓣铺在蒸笼内蒸熟，将黏米面用少量的水拌匀，搓细，等蒸笼内充满蒸汽时，将面撒上一半，稍蒸一段时间，等蒸汽再满后，将剩下的面继续撒平，再蒸至熟，然后切成小块食用。宽城满族人食用的撒糕大都是用大黄米制成的，少数也用江米面做。人们把撒糕俗称切糕，大概是撒糕需要切割成小块食用的缘故。

（7）发糕

发糕，满语称其为哪玛米糕。它的做法是将玉米碾成面，再用温水将玉米面和好，待发酵后，将其摊入笼屉蒸熟，然后切成菱形小块食用。食用时，佐以糖蜜，则松香甜软，非常可口。

撒糕（宽城满族自治县农业农村局／提供）

发糕（宽城满族自治县农业农村局／提供）

（8）杏仁粥

把轧碎的杏仁，放在冷水锅里熬开，用水瓢舀起不停地泼洒20分钟左右，放上米煮熟，即可食用。民间认为将轧碎的杏仁煮开后不停地用水瓢舀起泼洒，能减轻杏仁中含有的苦味，所以很多年来人们一直都这样做。杏仁粥味甘不腻，营养丰富，并且有镇咳化痰的药用价值。

（9）饸饹

饸饹，又称合罗、和饹、饸酪，是宽城满族人家夏季食用的一种用挤压方法制成的面条，多用荞麦面和其他杂粮面制作。其制作方法是先将面和好，用饸饹床压漏成长条状，再用开水煮熟。吃时，用笊篱捞入碗内，浇以卤汁。饸饹细滑可口，为人们所喜爱。

饸饹（陈国仁／提供）

2. 服饰文化

宽城的少数民族以满族为主，服饰特色则以旗袍、马褂、坎肩、套裤为代表。旗袍男女皆可穿，且不分季节；马褂则为春秋冬男装，是有身份地位的人的象征；坎肩为女装，做工精美；套裤则是老年女性的着装。

（1）旗袍

旧社会时期男女皆穿旗袍，用绸缎或者棉麻制作，前者多为富人所用，后者为平民所用。男子多采用灰、蓝等颜色，女子多采用绿、粉、月白等颜色。满族妇女旗袍的特点是立领、右大襟、紧腰身、下摆开权。到民国时期，女士旗袍逐步演变为旗袍加长、两边开衩加高的样式，男士旗袍则随社会发展被其他服饰取代。

（2）马褂

马褂也称短褂，是一种外套。最初是为了便于骑射穿的，同时还能抵御风寒。在清初时演变为军装，随后流行于民间。高领对襟，四面开气儿，长及腰部，袖子稍短，袍袖可露出三四寸[①]，将袍袖卷于袖褂上面，即所谓的大小袖。

（3）坎肩

坎肩是由汉族的"半臂"演变而来的，做工和用料非常讲究。女士坎肩要绣花镶边，有对襟直翅、对襟圆翅、琵琶襟、捻襟、一字襟、人字襟等款式，用料有棉料、皮料、丝料、布料等。

（4）套裤

套裤也是一种外套，上端结腰或长带跨在肩上，下端裹脚。女士套裤色彩艳丽，镶有花边；男士套裤则简约大方。套裤的材质多种多样，有夹的、棉的、皮毛的等。而后逐步演变为男女都流行的青白色甩裆裤和捆裆裤。

（5）肚兜

肚兜，又称兜兜。早期是满族男女老少皆穿的服饰，用料多为绫、缎、棉布等。裁制方法是取方尺之布，四周锁边，上端缝细带儿或金银链，用以挂脖，中间缝一根细带用以系腰。

（6）发式

满族先祖信奉萨满教，所以在发式上也显示出传承久远的宗教观念。萨满教认为辫发是灵魂栖息的地方，应该尽可能地靠近天穹，所以不论架子头还是大拉翅，都是绾于头顶部的发式。在清代，满族妇女的主要发式称为旗头，是一种类似扇形的发冠，以铁丝藤为帽架，用青素缎、青绒或青纱为面，裹成长约30厘米、宽10多厘米的扇形冠。佩戴时，固定在发髻上即可。上面常绣有图案，镶珠宝，或插饰

---

① 寸为非法定计量单位，1寸≈3.33厘米。——编者注

各种花朵，缀挂长长的缨穗。旗头多为满洲上层妇女所用，一般民家女子结婚时方以为饰。戴上这种既宽又长的发冠，限制了脖颈的扭动，使身体挺直，显得分外端庄稳重，适应于隆重场合。

满族男子发式比较单一，早在金代，女真男子就开始梳辫发。到了清代，满洲男子发式没有多大变化，为"半半留"，即把前额和周围头发剃去，只留颅后发，编成一条大辫子，垂于脑后。

3. 民俗文化

多个少数民族的聚居繁衍造就了宽城丰富多彩的民俗文化，主要的民俗代表有背杆、大秧歌、大口落子、耍龙灯等。此外，婚俗也是宽城民俗的一大特色。

(1) 背杆

宽城背杆俗称背歌，是一种民间舞蹈，主要分布于宽城满族自治县宽城镇北村，位于县城东北部。据老艺人回忆，宽城背杆始于清朝，兴盛于20世纪初期，由于当时宽城老爷庙庙会的兴盛，很大程度上促进了民间文化艺术活动的开展。宽城背杆的道具精心制作，上下角绑缚非常讲究，如

背杆（宽城满族自治县农业农村局／提供）

《算粮登殿》的算盘制作，扭童单腿斜立于算盘之上，《火洞天》哪吒双踏风火轮，《麻瑞献寿》鲜桃制作等十三架道具，大大不同于承德周边各县区，巧夺天工，难辨真伪，无不令人连连赞许，曾吸引了大批民间艺人前来观摩、取经，但大都只取其表，难取其神。

大秧歌（宽城满族自治县农业农村局／提供）

（2）大秧歌

秧歌在中国已有千年的历史，明清之际达到了鼎盛期。清代吴锡麟《新年杂咏抄》载："秧歌，南宋灯宵之村田乐也。"关于"秧歌"的起源，民间有一种说法是，古代农民在插秧、拔秧等农事劳动过程中，为了减轻面朝黄土背朝天的劳作之苦，就经常唱歌，渐渐就形成了秧歌；民间的第二种说法是"秧歌"起源于抗洪斗争，古代黄河岸边的百姓，为了生存，奋力抗洪，最后，取得胜利，大家高兴地拿起抗洪的工具当道具，唱起来，跳起来，抒发高兴的心情，随着参加人数的增多，有了舞蹈动作和舞蹈组合，逐渐就形成了秧歌；民间第三种说法是根据《延安府志》记载"春闹社，俗名秧歌"，可见秧歌可能源于社日祭祀土地爷的活动。

（3）大口落子

大口落子是河北省具有代表性的传统民间舞蹈之一，属于秧歌类。南沟门村是一个坐落于长城脚下的小山村，几十年来，这里的村民自发传承百年曲艺"大口落子"。"大口落子"是现代评剧的前身，新中国成立初期由唐山传至南沟门村。

大口落子（宽城满族自治县农业农村局／提供）

（4）耍龙灯

耍龙灯又称舞龙、龙灯舞，是中国独具特色的传统民俗娱乐活动。从春节到元宵灯节，中国城乡广大地区都有耍龙灯的习俗。经过千百年的沿袭、发展，耍龙灯已成为一种形式活泼、表演优美、带有浪漫色彩的传统舞蹈。

耍龙灯（宽城满族自治县农业农村局／提供）

（5）婚俗

宽城以满族婚礼最有特色，保留着坐轿、骑马、背铜镜、抱宝瓶、拿弓箭、迈马鞍、迈火盆、倒红毡、踩粮袋、坐福、抢炕头、拜天地等满族固有的习俗。

另外，男女青年到结婚年龄，双方无论是自愿或经媒人介绍同意，皆进行"放定"礼，递手绢，相互换"盅"下大礼。婚日，新娘由媒人陪同，亲友相随送亲，到婆家事先选好的一家住宿，即"打下处"，第二天由"下处"再到婆家举行正式婚礼仪式，经过"倒红毡""迈火盆"等仪式，然后"坐福"。同日晚间，邻居平辈（年龄小于婚者）的男女到洞房中说笑打闹（俗称"闹洞房""三天没大小"），同吃"子孙饺子"（俗称"抢子孙饺子""抢饺子"）。三日后，拜祖先及亲属，称"认大小"，还有"回门""住对月"习惯等。

满族婚俗（宽城满族自治县农业农村局／提供）

结婚当天的饮食中必有栗子。由于在汉语中，栗与"立""利"同音，因此在当地，人们将栗子看做是吉祥的象征，可喻示吉利、立子等寓意。当地人在嫁娶和庆寿等重要时刻，都以栗子相赠，以祝其大吉大利。清代以后，种栗、食栗、用栗已成为时尚。大户人家娶妻生子，都要栽栗树以示纪念。男女婚配洞房，炕上的四角都要摆上栗子，以示吉祥，并祝愿早早生子。

（6）禁忌

满族禁忌较多，凡是本族人必须遵守。

①不允许亵渎神灵和祖宗。比如满族以西为贵，祖宗匣放在西炕上，西炕不许住人和放杂物，不能有各种不敬行为。

②不许打狗，更禁忌杀狗、食狗肉、戴狗皮帽子，也不允许外族人戴狗皮帽子进家。传说清太祖爱新觉罗·努尔哈赤曾吩咐族人"山中有的是野兽，尽可以打来吃，但是，今后不准再吃狗肉、穿戴狗皮，狗死了要把它埋葬了，因为狗通人性，能救主，是义犬"。从此爱犬、敬犬便成了满族的习尚。宽城满族人至今不吃狗肉，不用狗皮制品，平日养狗不勒（杀）狗，对狗极为爱惜，狗死后，用土埋上。

③不打乌鸦和喜鹊。宽城满族人不仅不食乌鸦之肉，还有饲喂乌鸦、祭祀乌鸦之俗。

4. 语言与宗教

中国自古以来就是一个统一的多民族国家，各族人民在中华民族的进步和发展中，都曾做出重要贡献，满族就是其中颇有作为的重要一员。满语文，是满族创造并使用过的语言、文字。满语由女真语发展而来，满文在满语的基础上创制。满文的创制和改进，是满族在崛起进程中走向文明的重要标志。

（1）语言

满汉隔离与"国语骑射"的措施，并没有保住满族的语言文字，虽然官方文书、部分契约和家谱中采取满汉文并用，但汉语、汉字仍然是清代的主体语言和文字。不过在汉语和汉语文字中确实也融合了许多满族和其他民族的语言文字成分。宽城满族保留了一些满族固有的日常口语与民族词汇（表1）。

表1　满族日常口语与民族词汇

汉　语	满　语	汉　语	满　语
父亲	玛玛（阿玛）	母亲	额娘
脏	埋汰	肉变味	哈喇
嫂子	新姐	不卫生	派啦
喜欢	稀罕	猪距骨	嘎拉哈
勇敢厉害	察拉	背心	汗沓
温水	乌兰巴图	墙里	旮旯
惹祸	捅漏子	忘记	喇忽
办事未完	半截拉喳	闲散	苏啦
办事不认真	马大哈	办事不成	秃噜了

（2）宗教信仰

满族人民崇拜大自然，是信奉萨满教的北方民族。满族歌舞即源于萨满祭祀活动。入关后清朝统治者推崇佛教，萨满教逐渐被佛教替代。萨满教虽然逐渐退出历史舞台，但祭祀活动中的歌舞作为文艺形式得到了保留和传承。

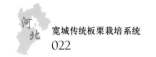

（四）富饶宽城

宽城物华天宝，美丽富饶。宽城物产丰富，是著名的果树之乡，尤其以板栗为最著名，素有"中国板栗之乡"之称。根据2017年宽城县农业统计数据，全县有以板栗为主的优质果树累计达到7 000万株，90.24万亩[①]，其中板栗4 200万株，60万亩，占全县果树栽植面积的78%。宽城人均拥有果树面积4.5亩，其中约3亩为板栗林，板栗种植是当地农民主要的收入来源，板栗种植收益约占家庭总收益的80%。2017年宽城县板栗产量达到4.3万吨，经济收入达到7.14亿元。另外，宽城县矿产富集，蕴藏金、铁等20多种矿产资源，其中钒钛磁铁矿储量超过27亿吨，黄金储量超过30吨，有"塞外金都"之称，优质石灰岩（水泥、制灰、熔剂灰岩）10亿吨，白云岩3亿吨，煤257万吨，陶粒页岩7.2亿吨，萤石7.5万吨，长石54.5万吨，透辉石89.7万吨，沸石150万吨，玻璃用石英10.5万吨，高岭土102.8万吨。宽城县经济发达，综合实力稳居承德市首位。根据2017年的统计数据，全年生产总值251.9亿元，全部财政收入17.3亿元，社会消费品零售总额48.7亿元，城乡居民人均可支配收入分别达到29 000元和11 500元。

（五）美丽宽城

宽城县位于燕山山脉沉降地带东南构造带与华夏构造带的复合

---

①亩为非法定计量单位，1亩 ≈ 667平方米。——编者注

部位，地处燕山山脉东段，是个群山密集、沟谷狭窄、山坡陡峭的石质山区。复杂的地形条件造就了风景秀丽的自然风光。蟠龙湖碧波荡漾，两岸青山倒映，形成"舟行碧波上，人在画中游"的美好意境，有"北方的桂林"之称，同时，这里还能欣赏到水下长城的世界奇观。喜峰口生态红色旅游区的自然景观有十里画廊、仙居沟、象鼻山、一线天、蟠龙洞等60多处，著名的人文景观有明代的万里长城、喜峰口长城抗战旧址等，《鬼子来了》《巴掌小学》等影视作品曾在此取景，传唱全国的《大刀进行曲》即取材于喜峰口长城抗战这段历史。都山海拔约1 846.3千米，是燕山山脉第二高峰。山峦连绵起伏，陡峭峻丽，有白洼顶、娘娘顶、穹苍顶等多座千米以上高峰。当你站于主峰，极目四野，苍苍茫茫，有一种"一览众山小"的感觉。"都山积雪"是清康熙皇帝钦封的"关外八景"之一。都山山顶的多年积雪、原始茂密森林，即使在炎炎夏日，也会感到丝丝凉爽，都山森林公园总面积200多平方千米，现存原始森林35 000多亩，有90多科近800余种野生动植物，其中包括国内珍稀树种木兰科的天女木兰。千鹤山鸟类自然保护区内有黑鹳等国家一级重点保护鸟类4种、灰鹤等国家二级重点保护鸟类22种，是集资源保护、科学研究、宣传教育、生态旅游和资源可持续利用多功能于一体的综合性省级自然保护区。万塔黄崖寺的寺庙及塔林始建于后唐天成年间，兴盛于明清，毁于民国时期和"文革"期间。复建工程于1995年启动，现已完成了部分庙宇、佛塔、佛像修复工作。黄崖寺烟雾缭绕，群山耸立，晨钟暮鼓，穿过山洞，刀砍斧劈般的黄崖，大小不一的寺院，若隐若现，历经地震等自然灾害而不倒，让你体会到大自然的鬼斧神工与先人智慧结晶的契合。

蟠龙湖（宽城摄影家协会／提供）

都山景区（宽城摄影家协会／提供）

二

铁杆庄稼——板栗

（一）板栗的栽培历史

板栗属于壳斗科栗属，原产于我国。板栗的经济栽培区，最北到辽宁凤城，最南至海南，西起甘肃，东到山东、江苏、浙江、福建沿海各省，全国有22个省、市、区，从海拔50米以下的冲积平原，到海拔2 800米高的云南均有板栗栽培。

我国板栗有北方板栗品种群和南方板栗品种群之分。北方栗主要分布于淮河及秦岭以北，燕山山脉以南，包括河北、北京、天津、山东、江苏、陕西、河南及辽宁等地。以长城沿线栽培最为集中，品质最好，如迁西、兴隆、遵化、宽城、青龙、迁安、抚宁、密云、怀柔、平台、蓟县等地，总产量占全国1/3，年出口量则占到全国的80%。有研究表明，秦岭南麓是我国北方板栗的起源地，经秦岭南麓→伏牛山→太行山→燕山的传播路线到达我国北方地区。

板栗在我国栽培历史悠久，在距今约6 000年的西安半坡遗址中就发现了大量历史遗迹，《诗经》的《鄘风》《唐风》等多处出现了关于板栗的记载。宽城板栗种植至今已有3 000多年。《吕氏春秋》有"果有三美者，有冀山之栗"的记载。西汉司马迁在《史记》的《货殖列传》中就有"燕、秦千树栗……此其人皆与千户侯等"的明确记载。《苏秦传》中有"秦说燕文侯曰：南有碣石雁门之饶，北有枣栗之利，民虽不细作，而足于枣栗矣，此所谓天府也"之说。西晋陆机为《诗经》作注也说："栗，五方皆有，惟渔阳范阳生者甜美味长，地方不及也。"以上记载中的"冀山""北""燕"之地，主要指现在宽城所在的燕山地区。自元代建宽河驿后，就有商贩将宽城板栗运销唐山转天津出口。清康熙四十五年（1706年），康熙皇帝途经宽河城，食板栗后赞曰："天下美味也。"以上这些记载证明了位于燕山山脉的宽城具有极为悠久的板栗种植历史，是我国板栗栽培技术的重要发祥地。

（二）板栗的食药价值

在历史上，板栗就是宽城当地居民的主要食物来源之一。宽城县地处山区，耕地面积少，仅有12万亩，而山地面积多达240万亩，传统粮食产量严重不足，因此被称为"铁杆庄稼""木本粮食"的板栗就成为当地重要的食物来源。宽城属半湿润半干旱大陆性季风气候，昼夜温差大，土壤中富含钙、铁、锌、硒等多种矿物质及对人体有益的微量元素，且栽培板栗历史悠久，经国家林业局考察后认定宽城是最适宜优质板栗生长地区，因此宽城成为"中国优质板栗之乡"。

板栗可生吃、熟吃，可做窝头、粥、馅，既能当作粮食，又可做果品，并可入药，在当地有"干果之王""山中药""树上饭"的美名。所以人们都以栽栗子、吃栗子、用栗子为荣。宽城板栗是中国著名特产，具有色泽光亮，果实易储、易剥的特点，入口香甜清脆，味道圆醇，风味独特，有"中国板栗在河北，河北板栗在宽城"的美誉，还荣获了"河北省农业名优产品"称号。

板栗又称为栗子，它与红枣、柿子一起被称为"三大木本粮食"，具有极高的营养价值。宽城板栗营养成分丰富，富含多种维生素、胡萝卜素、不饱和脂肪酸及铁、钙等多种矿质元素，具有很好的保健作用；而且炒熟的板栗更是"诱人"，味道香甜可口，是一道非常不错的美食。

宽城板栗富含油脂，含淀粉也很高，生吃熟吃都很香甜。科学研究证实，干板栗的碳水化合物含量高达77%，与粮谷类的营养价值不相上下；鲜板栗的碳

育得硕果披芒锐（承德神栗／提供）

"板栗鸡"菜肴（宽城满族自治县农业农村局／提供）

水化合物含量也有40%之多，是马铃薯碳水化合物含量的2.4倍。板栗的蛋白质含量高于稻米，食用板栗可以补充禾谷类和豆类中限制性氨基酸的不足，有利于改良谷物和豆类的营养品质。为什么这样说呢？因为赖氨酸是水稻、小麦、玉米和大豆类的第一限制性氨基酸，苏氨酸是水稻、小麦的第二限制性氨基酸，色氨酸和蛋氨酸分别是玉米和豆类的第二限制性氨基酸。而经检测板栗的蛋白质中赖氨酸、苏氨酸、蛋氨酸、异亮氨酸、半胱氨酸、缬氨酸、苯丙氨酸、酪氨酸等氨基酸的含量均超过联合国粮食及农业组织（FAO）、世界卫生组织（WHO）的标准，由此可见，板栗具有极高的营养价值。

更有研究发现，板栗含丰富的维生素B_1和维生素B_2，维生素B_2的含量至少是大米的4倍，每100克含有24毫克维生素C，鲜板栗所含的维生素C比公认含维生素C丰富的西红柿还要多，是苹果的十多倍。板栗所含的矿物质也很全面，有钾、镁、铁、锌、硒等，虽然达不到榛子、瓜子那么高的含量，仍然比苹果、梨等普通水果高得多，尤其是含钾突出，比号称富含钾的苹果还高4倍。2013年，中国检验检疫科学研究院对承德神栗食品股份有限公司板栗仁产品进行了营养指标的检测，检测结果显示宽城板栗确实营养价值很高（表2）。

表2　干板栗仁营养指标检测报告表（2013年）

检测项目	检测方法	单位	测定低限	检测值
蛋白质	GB 5009.5—2010（第一法）	克/100克	0.1	4.6
能量	GB 28050—2011	千焦耳/100克	—	746
膳食纤维	GB/T 22224—2008	%	0.1	7.9
碳水化合物	GB 28050—2011	克/100克	—	32.5
维生素E，γ–生育酚	GB/T 5009.82—2003	毫克/100克	0.023	9.19
总脂肪	GB/T 5009.6—2003	克/100克	0.1	1.9
维生素C	GB/T 5009.86—2003	毫克/100克	0.1	13.3
钙	GB/T 5009.92—2003	毫克/100克	0.05	21.37
钠	GB/T 5009.91—2003	毫克/100克	0.05	2.18
铁	GB/T 5009.90—2003	毫克/100克	0.05	1.16
锌	GB/T 5009.14—2003	毫克/100克	0.5	7.1

注：数据来自于中国检验检综合检测中心。

　　宽城板栗不仅有丰富的营养价值，还具有健脾胃、益气、强筋、止血和消肿的药用功效。中医认为，栗果有补肾健脾、益胃平肝等功效，被称为"肾之果"。"食生栗子治腹胀，食熟栗子治腹泻"是人们最常用的土药方，但多食可滞气，致胸腹胀满，故一次不宜吃得太多。食板栗可治反胃、吐血、便血等症，老少咸宜。宽城栗子富含柔软的膳食纤维，血糖指数比米饭低，只要加工烹调中没有加入白糖，糖尿病患者也可适量品尝。板栗含有极高的糖、脂肪、蛋白质，还含有钙、磷、铁、钾等矿物质，以及维生素C、维生素B_1、维生素B_2等，有强身健体的作用。孕妇吃板栗不仅可以健身壮骨，而且有利于骨盆的发育成熟，更有消除疲劳的作用。日本科学家研究发现，板栗中含有的丰富蛋白质对人体有特殊的保护作用，能保持人体心血管壁的弹性，阻止动脉粥样硬化，减少皮下脂肪，防止

鲜栗子果
（宽城满族自治县农业农村局／提供）

宽城板栗的嫩黄果肉
（宽城满族自治县农业农村局／提供）

肝肾中结缔组织萎缩，并提高肌体的免疫能力。板栗中所含的丰富的不饱和脂肪酸和维生素，还能防治高血压、冠心病等疾病；除此之外，据《食疗本草》记载，"研，和蜜涂面，展皱"，可见，板栗还有美容功效呢，宽城板栗的药用价值也是不可估量。

板栗食用小知识

1．板栗食用禁忌

（1）栗子"生极难化，熟易滞气"，脾胃虚弱、消化不良者不宜多食。

（2）新鲜栗子容易变质霉烂，吃了发霉栗子会中毒，因此变质的栗子不能吃。

（3）糖尿病人忌食。

（4）婴幼儿、脾胃虚弱、消化不良者及患有风湿病的人不宜多食。

2．适用人群

（1）一般人群均可食用。

（2）适宜老年肾虚者食用，对中老年人腰酸腰痛、腿脚无力，小便频多者尤宜；适宜老年气管炎咳喘、中寒泄泻者食用。

（三）板栗的产业价值

1. 板栗种植产业

板栗在宽城县的农业生产中占有重要的地位。2017年，全县有以板栗为主的优质果树累计达到7 000万株，90.24万亩，其中板栗4 200万株，60万亩，占全县果树栽植面积的67%。宽城人均拥有果树面积4.5亩，其中约3亩为板栗林，板栗种植是当地农民主要的收入来源。据向当地农户了解，板栗种植收益约占家庭总收益的80%，"靠山吃山"，可见板栗种植产业对山区农民百姓生活的重要性。宽城县板栗每亩的经济收入在2 400~4 000元，据统计，2017年宽城县板栗产量达到4.3万吨，经济收入达到7.14亿元。因此，大力发展传统板栗栽培体系及其附带产业成为山区百姓增收致富的重要手段，对宽城县农业发展，乃至新农村建设具有重要的意义。

传统板栗产业已成为当地农民脱贫致富奔小康的支柱产业，其种植或加工板栗用于销售成为了该地区农民的重要收入来源。近年来，宽城县大力推动板栗产业的发展，积极鼓励市场化运作和规模

板栗丰收场景（宽城满族自治县农业农村局／提供）

化种植，做强以板栗为主的"八大基地"建设，现已经形成具有一定规模的板栗加工企业群和稳定的销售市场。板栗产业已经成为宽城经济的重要组成部分，同时也是河北省果品出口创汇的拳头产业。另外，板栗产业的发展带动了当地的就业，仅承德神栗就通过"公司＋农户＋基地"模式与2万个农户建立购销关系，还成立板栗专业合作社，为成员提供果树种植技术、相关培训、技术咨询，以及为成员进行产品销售服务。宽城县政府将板栗作为宽城县的四张名片（宽和满乡、百年神栗、塞外金都、万塔佛寺）之一，大力发展板栗产业。

在各村板栗专业合作社，可随处见到板栗分级装置，在收购农民板栗时将其进行分级，大果、中果、小果，收购价格不同。其中大果最高可卖到16元／千克，小果也就只能卖到5~6元／千克。采用这个分级装置，不仅帮农民减少一定劳动量，还大大提高了板栗收购的速度。

板栗专业合作社
（宽城满族自治县农业农村局／提供）

板栗企业为栗农分红
（宽城满族自治县农业农村局／提供）

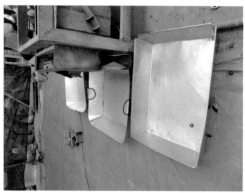

板栗分级装置（姜玲玲／摄）

大、中、小三个级别板栗
（姜玲玲／摄）

承德神栗有机板栗示范基地
（宽城满族自治县农业农村局／提供）

农业部颁布全国绿色食品原料标准化生产基地证书（宽城满族自治县农业农村局／提供）

宽城板栗荣誉榜

（1）宽城板栗先后获得了"国家地理标志保护产品""国家原产地域保护产品"称号。

（2）2014年宽城传统板栗栽培系统被认定为第二批中国重要农业文化遗产。

（3）2015年宽城板栗被农业部选入《2015年度全国名特优新农产品目录》，被河北省品牌节组委会授予"河北名片"荣誉称号。

（4）2015年，宽城板栗荣获2015年度"一县一品"荣誉称号。

（5）2016年，承德神栗板栗基地有限公司承担的第八批国家农业综合标准化示范区国家有机板栗综合标准化示范区通过验收。

（6）2017年宽城板栗被评为"2017最受消费者喜爱的中国农产品区域公用品牌"。

（7）2017年宽城板栗荣获"全国商标富农和运用地理标志精准扶贫十大典型案例"。

2. 树下循环经济

板栗园中获得的产品除了板栗以外，还有各种经济作物、蔬菜以及药材等。由于板栗林郁闭度较低，而且冬季或初春进行板栗剪枝，因此使得板栗林获得较充足的光照，在其林间空地里间作玉米、谷子、大豆、大葱、萝卜、白菜、辣椒、南瓜等经济作物，既能充分利用板栗园的空间资源，又能提高板栗林的经济收益。承德神栗的万亩有机板栗林示范基地，让栗农利用废弃栗树枝在树下培植栗蘑、散养家禽、种植中药材，每亩可直接增加纯收入 4 000~5 000

元，这些产品为农户提供了家庭必需的基本口粮，也形成了当地农民家庭的重要生计基础。鸡、鸭等家禽上树吃虫、树下吃草，粪便还可就地培肥，不仅起到减少虫害以及避免使用除草剂的作用，还可增加板栗林下土壤肥力，对有机板栗林产量更是大大有益。这种林下循环农业模式极大地调动了广大栗农发展种养业的积极性，有力地促动了板栗产业的发展，实现了"树上增产，树下增收，产业循环，生态富民"的宏伟目标。

板栗与谷子间作（许中旗／摄）

板栗与辣椒间作（姜玲玲／摄）

板栗与大葱间作（许中旗／摄）

板栗与大豆间作（许中旗／摄）

板栗与向日葵间作（姜玲玲／摄）　　　　　板栗与白菜间作（姜玲玲／摄）

板栗林下养殖业——鸡上树（姜玲玲／摄）　　板栗林下循环经济发展一角（承德神栗／提供）

板栗产业链条之一——栗蘑种植（承德神栗／提供）

板栗与黄芩间作（许中旗／摄）

灰树花——"食用菌王子"

板栗树干和根部在较长的阴雨天气状况下，会生长出一种特有的菌类——灰树花。灰树花属担子菌门层菌纲非褶菌目多孔菌科，树花属，又名贝叶多孔菌、栗蘑、莲花菌、叶状奇果菌、千佛菌、云蕈、舞茸。

当地农民在林下搭建大棚，模拟灰树花的生长条件，用修剪下来的板栗枝条作为基质栽培灰树花。每亩可产干灰树花10余千克，产值3 600元，承德神栗有机板栗示范基地还设有专门的仿野生灰树花基地，增加了板栗林下的经济收益。

灰树花形似珊瑚，肉质脆嫩、营养丰富、风味独特，是我国和日本正在推广的一种珍贵食药用菌。灰树花具有重要的医疗保健作用。主要如下：

（1）抗艾滋病作用。据日本药学会113次年会报告，灰树花具有抗艾滋病的功效，灰树花多糖对HIV（人类免疫缺陷病毒）有抑制作用。

（2）抗癌防癌作用。在日本，灰树花已用于治疗胃癌、食道癌、乳腺癌、前列腺癌。小白鼠口服灰树花，肿瘤抑制率达86.3%。一般认为灰树花抑制肿瘤的作用是由于其所含的多糖激活了细胞免疫系统中的巨噬细胞和T细胞而产生的，这种抑癌多糖主要是β-D-葡聚糖，在灰树花中占8%左右。

（3）防治糖尿病。灰树花中的铬能协助胰岛素维持正常的糖耐量，对肝硬化、小便不利、糖尿病均有效果。

（4）灰树花富含矿物质和多种维生素，可以预防贫血、坏血症，防止白癜风、佝偻病、软骨病、脑血栓等。

灰树花食味清香，肉质细嫩，味如鸡丝，脆似玉兰，鲜美可口。主要成分为灰树花多糖，同时富含较高的铁、铜、硒等和维生素C。因为具有突出的营养和药理价值，灰树花已成为一种高级的保健食品，风行北美、日本和东南亚各国，被誉为"食用菌王子"和"华北人参"。

灰树花（宽城满族自治县农业
农村局／提供）

仿野生栗蘑种植基地（姜玲玲／摄）

3. 板栗加工制品

板栗的声名鹊起，自然是要归功于"糖炒栗子"了。自20世纪90年代中期以来，我国板栗的加工有了较大发展，以板栗为主要原料开发出的品种较多。近些年板栗产品丰富多样，作为宽城县乃至全国最大的板栗加工企业——承德神栗食品股份有限公司的主要系列产品包括板栗、山楂、蜂蜜、大枣、食用菌、杏仁、冻干食品7大系列60余种产品。其中加工的板栗系列产品就有板栗仁、山楂蜂蜜板栗汉堡、冻干板栗粉（鲜栗玉米粉、板栗红豆／绿豆粉等）、板栗膨化食品、即食栗蘑等。

在速冻行业，板栗也开始崭露头角。近年来，承德神栗也推出了速冻系列产品，不仅有速冻板栗仁，还有各种其他的速冻干制品，包括冻干油桃、冻干紫甘蓝、冻干香菇、冻干草莓等。现在市场上一些速冻栗子产品也很常见，如速冻板栗肉粽，板栗的醇甜配上肉粽的香气，非常美味；湾仔码头也很早就推出了栗蓉汤圆这一款产品；在郑州街头，一家热饮店里推出了板栗豆浆，受到了追捧；在首都机场T3航站楼的一家餐饮店里，有一道独特主食"宫廷栗子窝

冻干板栗粉（姜玲玲／摄）

即食栗蘑（姜玲玲／摄）

袋装开口栗（姜玲玲／摄）

速冻板栗仁（承德神栗／提供）

速冻糖炒板栗（承德神栗／提供）

头"，销售情况良好。全身是宝的板栗成为冷冻行业的佼佼者，既可成为独当一面的主食，也能巧妙地成为配料，丰富了板栗制品的种类，拓展了销售市场，并且还间接挖掘和宣传了板栗的历史文化内涵。可见，板栗产业发展前景一片大好！

　　承德神栗食品股份有限公司是全国最大的板栗加工企业，公司主打"绿色有机板栗食品"品牌，面对未来，该企业以对食品安全高度负责的态度，所有示范基地板栗林严禁打除草剂等农药，做完全无公害的绿色食品。"讲诚信、做高端、创品牌"是公司长久发展壮大的理念和基石，同时在宽城板栗历史文化的传承与发展方面做出了巨大贡献。

示范区龙头企业——承德神栗食品股份有限公司
（承德神栗／提供）

承德神栗有机板栗示范基地之一俯视图
（承德神栗／提供）

宽城有机板栗基地人工去除杂草
（承德神栗／提供）

承德神栗有机板栗生产车间外景
（承德神栗／提供）

有机板栗生产车间工作场景
（承德神栗／提供）

技术人员对生产的板栗产品进行质量
监测（承德神栗／提供）

4. 多功能农业发展

在板栗产业发展蒸蒸日上之时，宽城县政府另辟蹊径，利用得天独厚的资源优势，将板栗产业与休闲农业的发展进行了完美结合。宽城板栗具有色泽光亮、果实易储、果皮易剥、果肉金黄的特点，果肉入口香甜清脆，有"中国板栗在河北，河北板栗在宽城，宽城板栗糯、软、甜、香"的美誉。优质的板栗资源正成为一种重要的文化和旅游资源，吸引着四面八方的游客。另外，宽城板栗栽植的历史悠久，留下了大量的板栗古树，其中全县百年以上的古树就在10万株以上，其中一株位于碾子峪乡大屯村的树龄更是达到717年（2019年树龄），依然枝繁叶茂，硕果累累，被专家誉为"中国板栗之王"。这些都是重要的旅游资源，在对其保护的基础上，将其文化

初春新长芽的板栗林景观（承德神栗／提供）

初夏开花的板栗林景观（承德神栗／提供）

深秋时节的板栗林景观（承德神栗／提供）

深冬的板栗林雪景（承德神栗／提供）

宣传展示与休闲农业发展有机结合，既为休闲农业发展提供资源载体，也能有效带动遗产地农民的就业增收，推动当地经济的发展。

板栗树认领

在承德神栗的万亩板栗示范基地，有一项"板栗树认领"活动。远方的游客选择自己钟爱的板栗树进行认领，在挂牌上写下自己的心愿或祝福语等，与自己的手机绑定，可进行远程监控，随时监看板栗树的生长与结果状况，等到板栗成熟时来亲自采摘，体验采摘丰收的喜悦；如不能及时前往，也可以委托这里的栗农进行采摘。

板栗古树认领（姜玲玲／摄）

板栗古树认领（宽城满族自治县农业农村局／提供）

三

独特的宽城板栗栽培系统

河北宽城传统板栗栽培系统

（一）适合板栗生长的自然条件

宽城地处燕山山脉东段，地形以山地为主，平均海拔300～400米，海拔1 846米的都山为全县至高点。山地、坡地光照充足，不易积水，适宜板栗的生长。

宽城土壤质地疏松，酸碱度适中，pH在6.5～7.5，主要以棕壤和褐土为主。板栗适宜在酸性或微酸性的土壤上栽植，在pH为5～6的土壤生长良好，pH达7.2以上生长不良。同时，宽城土壤母质多为花岗岩或片麻岩，风化后形成微酸性砾质壤土，排水良好，非常适宜板栗的生长。

宽城为暖温带半干旱半湿润大陆性季风型山地气候，其特点是四季分明、雨热同期，降水量从南向北逐渐减少。降水量年内分布不均，主要集中于夏季，75%的雨量集中在6～8月，而且暴雨较多，日平均降水量大于50毫米的降雨平均每年超过3.3次。年平均气温8.6℃，无霜期150～175天，光照充足，昼夜温差大，有利于板栗光合产物的积累，因此宽城板栗含糖量高，糯性强，风味香甜，品质优良。

宽城矿产资源非常丰富，有各类矿物40余种，以铁、金、石灰石、花岗岩为主，其中铁矿资源最为丰富，在此母质上发育的土壤富含铁、锰等元素，这恰好满足了板栗对铁、锰等元素需求量较高的要求，因此，宽城的板栗分布与铁矿的分布具有明显的重合性。

（二）特殊的农业生态系统

1. 传统板栗栽培系统的构成

宽城县境内地形复杂，山地面积广阔，林果业是农业主要经济来源。其中，板栗种植在其中占有主导地位，也是当地的特色农业产业。传统板栗种植系统是一个典型的林农复合系统。

在山顶、山脊或山坡的中上部，一般坡度较陡，土层较薄，或营造以油松为主的水土保持林，或通过封山育林形成以荆条、刺槐为主的自然植被，发挥水土保持作用；在山坡的中、下部坡度较缓，土层较厚，结合梯田、撩壕、水平阶等整地措施，栽植板栗；在沟底则通过平整土地，形成耕地种植板栗或农作物。同时，在沟底依地形修建蓄水池，拦蓄径流，用于板栗和农作物的灌溉。

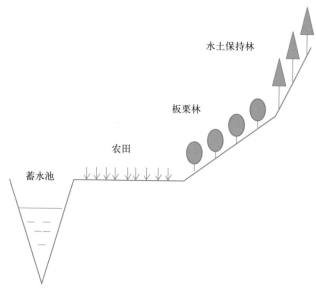

板栗栽培系统示意图

为了充分利用板栗园的空间资源，提高板栗林的经济收益，当地居民还在板栗树下的空地间作大豆、红豆、玉米、大葱、萝卜、倭瓜、黄芩等农作物。当地居民还利用林下的遮荫环境，将修剪下来的板栗枝条作为基质栽培栗蘑，每亩可产干栗蘑10余千克，产值3 600元。同时，当地居民还有在林下养鸡、养鸭的传统，每亩养鸡约175只，只此一项产值可达15 000余元。

板栗林下栽植栗蘑（许中旗／摄）

2. 丰富的多样性

该地区植被以温带落叶阔叶林和针叶林为主，针叶林以油松为主，阔叶林以桦树、柞树为主，另外还有伴生的椴树、枫树、白蜡、花楸等树种。该地区共有野生植物615种，其中，苔藓植物33种，蕨类植物17种，裸子植物8种，包括特有植物天目琼花、天女木兰花。野生动物近140种，主要有豹、青羊、獾、山鸡、狐狸、狍子等，其中国家Ⅲ类及以上保护动物93种。

（1）景观多样性

传统板栗栽培系统是一个农林复合系统，包含多种生态系统类型，形成了丰富的景观多样性。

油松林：位于山体阴坡的上部，油松林的乔木层主要有油松、槲栎等树种，灌木层则主要有荆条、胡枝子等树种，草本层则有隐子草、小红菊等物种。主要发挥水土保持作用。

荆条灌丛：位于山体阳坡的上部，物种组成以灌木为主，主要有荆条、胡枝子等，草本层主要有隐子草、委陵菜等。另外灌丛中有少量的刺槐分布。

板栗林：位于山体的中下部，或为纯林，或与山楂等果树混交，或与玉米、大豆、绿豆、红豆、萝卜、倭瓜、甘薯、萝卜、大葱等间作，形成物种丰富的生态系统。

农田：一般位于沟谷的底部，主要有玉米、大豆等农作物。

池塘：在沟谷的底部由筑坝拦蓄径流形成。

山地板栗林景观（许中旗／摄）　　　　　蓄水池（许中旗／摄）

（2）物种多样性

河北宽城传统板栗林栽培系统具有丰富的生物多样性。据调查，当地板栗有324个单系，目前主要种植的本土品种有6个，引进的板栗种有39个。另外，由于板栗林的郁闭度较低，而且人们在每年冬末春初要进行板栗修剪，使板栗林下可以获得较充足的光照，林下适合各种粮食作物、蔬菜以及各种野生植物的生长，所以在林内会形成丰富的生物多样性。据调查，板栗林下种植的农作物有玉米、大豆、绿豆、红豆、萝卜、倭瓜、甘薯、萝卜、大葱等。此外，板栗林下还有非常丰富的野生植物，主要物种有萹蓄（*Polygonum aviculare*）、马唐（*Digitaria sanguinalis*）、夏至草（*Lagopsis supina*）、圆叶牵牛（*Pharbitis purpurea*）、葎草（*Humulus scandens*）、灰绿藜（*Chenopodium glaucum*）、细叶猪毛菜（*Salsola ruthenica*）、反枝苋（*Amaranthus retroflexus*）、风花菜（*Rorippa globosa*）、翠菊（*Callistephus chinensis*）、刺儿菜（*Cirsium setosum*）、泥胡菜（*Hemistepta lyrata*）、鸦葱（*Scorzonera austriaca*）、腺梗豨莶（*Siegesbeckia pubescens*）、蒲公英（*Taraxacum mongolicum*）、苍耳（*Xanthium sibiricum*）、射干（*Belamcanda chinensis*）等40余种。由此可以看出，宽城板栗栽培系统是一种生物物种非常丰富的生态系统。

3. 水土资源合理利用

宽城为大陆性季风型燕山山地丘陵气候，在时间上降水分布不均，多集中于夏季，容易造成水土流失。农民利用水平撩壕、鱼鳞坑、塘坝、集水窖等拦蓄径流，减小地表径流量，降低径流的流速，减少地表土壤的侵蚀。而板栗的根系发达，对土壤，尤其是表层土壤具有明显的固持作用，也可以防止土壤的侵蚀；此外，还在撩壕、坡埂处种植紫穗槐、草木樨等宿根草类灌木，同时采取秸秆覆盖、树盘覆草、生草栽培等措施以降低地表土壤的侵蚀。

（三）美丽的景观

1. 板栗古树景观

宽城板栗栽培历史悠久，保留了大量的板栗古树，全县百年以上的板栗古树达10万余株。这些板栗古树，无论是挺立的单株，还是集结成群的片林，都颇具观赏性。在碾子峪镇大屯乡的"中国板栗之王"，树干粗大，巨枝横展，庞大的树冠像撑开的一把巨伞，令

板栗古树景观（许中旗／摄）

板栗古树景观（承德神栗／提供）　　　　板栗古树景观（许中旗／摄）

人叹为观止。进入结果期，一颗颗碧绿的刺球状硕果挂满枝头，青翠欲滴；成熟时，板栗布满细刺的外皮自然分裂开来，露出褐红色的籽实，像一颗颗红色的珍珠。宽城板栗外形美观，色泽鲜艳，底座小，果形端正均匀，内皮易剥，果仁呈米黄色，炒熟后仍呈米黄而不变色，令人垂涎三尺。

2. 山地板栗林景观

宽城县地形以山地为主，根据不同地段、地形、土壤、气候等自然条件的差异，进行不同植被的合理搭配，构成了独具特色

山地板栗林景观（承德神栗／提供）

的山地森林景观。山坡的上部和顶部土层较薄，养分含量低，水分条件差，营造以油松为主要建群种的水土保持林、水源涵养林或用材林；山坡的中下部土层较厚、肥沃，土壤水分条件好，栽植板栗；在山下的沟谷地带，地形平坦，土壤深厚，水肥条件最好，种植玉米、大豆、谷子等粮食作物，或进行农作物与板栗间作。这样就构成了生态林、经济林及农田合理配置的稳定的景观系统，不但具有生态学的合理性，同时还具有突出的美学效果，这是人类适应自然、合理改造自然、实现人与自然和谐相处的杰作。

（四）优良的品种

宽城板栗品种资源丰富。目前，宽城种植的板栗品种约有40余种，其中大板红、燕金、燕宽、熊84、熊330、大屯6个主要种植品种为本土种，是由当地农业技术人员在当地实生板栗中选育出来的优良品种。此外，自20世纪80年代以来，宽城先后引进县外板栗优良品种39种，如东陵明珠、燕山短枝、燕奎、燕山早丰、石丰、凤凰山2号、燕红、燕丰、塔丰等。近几年引进的板栗新品种有燕山红栗（1974年在北京昌平黑寨乡北庄南沟选出）、燕昌（1975年在北京昌平下庄村选出）、燕晶、大屯、熊84、大青杆、紫玉、实生杂交系等（表3）。

表3　板栗主要品种及特征

品种名称	品种来源	主要特征
313	个人引进	目前种植面积较少，仅占 5% 左右，是近几年才引进的品种；生长周期短、结果早、早熟。每年 9 月初就基本采摘结束，这是一大优势
大板 49	政府引进	种植面积较广泛，约占 90%；由于上市较早、色相饱满、口感香甜，受到消费者的认可；占据较大的市场，优势很强
大板红	实生选种	由宽城县碾子峪乡大板村实生树中选出，1989 年通过省级鉴定；出实率 34.6%。平均每苞含坚果 2.2 个；平均单粒重 8.1 克，大小整齐。味香甜，含糖 16%，淀粉 64%，蛋白质 9%，品质优良；9 月中旬果实成熟
燕金	燕山野生种选育	优质、丰产、早熟、抗寒性强。坚果单果重 8.2 克，可溶性糖 22.75%，淀粉 55.12%，果肉糯性，质地细腻，宜炒食，盛果期亩产 235 千克，适宜在中国北方板栗栽培区山地、丘陵栽培
燕宽	实生选优	属中国栗华北品种群。优质、丰产、早熟、抗寒性强；坚果均质量 8.3 克，可溶性糖 19.5%，淀粉 48.5%，蛋白质 6.05%；9 月上旬成熟，无大小年现象，是适于中国北方山地、丘陵区栽培的优良品种
燕山早丰	实生选种	由迁西县杨家峪村实生树中选出，1989 年通过省级鉴定；出实率 40% 左右，每苞含坚果 2.7 粒。果肉黄色，质细甜糯，含水 48.47%，糖 19.67%，淀粉 51.34%，粗蛋白 4.43%，品质上等，果实较耐贮藏
燕魁	实生选种	由迁西县东荒峪乡后韩庄村选出；出实率高，栗蓬 64.8 克，成熟呈一字开裂，单粒重 9.25 ~ 10.7 克，出实率高，空蓬率低，平均蓬内含坚果 2.75 个，果实成熟期 9 月中旬。树势强壮，树姿开张，耐瘠薄，易管理
燕山短枝	实生选种	由迁西县汉儿庄乡杨家峪村选出；栗蓬中等大 67.64 克，成熟呈一字开裂，单粒重 9.25 克，坚果深褐色，光亮，茸毛少，9 月中旬成熟。树势强健，枝条短粗，叶片肥大、丰产、稳产，适宜密植

（五）突出的生态效益

1. 水土保持

宽城板栗的分布以山地为主，板栗林在产生巨大经济效益的同时也具有非常明显的水土保持功能。首先，板栗的林冠层对于林地土壤具有明显的保护作用，使土壤结构，主要是土壤孔隙不会因为受到雨滴的击打而遭到破坏，从而使林地土壤保持较高的土壤渗透速率，减小地表径流强度。有研究表明，板栗林土壤渗透速率可以达到11.7毫米／分钟，明显高于撂荒地的7.98毫米／分钟。其次，板栗的根系发达，对土壤，尤其是表层土壤具有明显的固持作用，防止土壤的侵蚀。据研究，壮龄板栗林的0～30厘米土层中根系量可以达到614.7克／米²（干重）。另外，在栽植板栗之前，一般都会修筑梯田，梯田具有明显的调控径流的作用。水平阶和壕沟一方面可以提高降水的入渗量和土壤的含水量，保证板栗的水分供给；另一方面，壕沟能够拦蓄径流，减小地表径流量，降低径流的流速，防止地表土壤的侵蚀，发挥水土保持作用。有研究表明，修筑梯田后，地表径流由6 300米³／（千米²·年）下降为4 500米³／（千米²·年），侵蚀模数由1 000～1 300吨／（千米²·年）下降到30～200吨／（千米²·年）（表4）。

表4　板栗林的水土保持功能及水源涵养作用

土地利用方式	根系数量（克／米²）	入渗速率（毫米／分钟）	枯落物吸水量（吨／公顷）	径流量（米³／千米²·年）	侵蚀模数 [吨／（千米²·年）]
板栗林	614.7	11.71	12.5	4 500	30～200
撂荒地	125.3	7.98	5.8	6 300	1 000～1 300

梯田具有明显的水土保持作用（许中旗／摄）

2．水源涵养作用

板栗园具有明显的水源涵养作用。林冠层对土壤的保护使土壤具有更大的蓄水量，而撩壕整地则可以有效拦蓄径流，促进更多的降水渗入土壤。据研究，板栗林的水源涵养量可以达到0.65万米³／千米²，水源涵养作用明显。

3．病虫草害控制

当地果农总结出了一些有效且不会对环境产生负面影响的病虫草害防治方法。一是果农在板栗林中栽植向日葵、草木樨、玉米等植物，用这些植物吸引、取食板栗的害虫，如食心虫，在其上进行定居，然后再将这些植物收获进行焚烧处理，采用这种办法可有效降低板栗食心虫等昆虫对板栗的危害，而无须使用任何农药。二是果农在林下饲养家禽（主要是鸡），家禽会取食林下的杂草和树上的害虫，使虫草危害得到明显的控制。而且在防治病虫草害的同时，还可以获得额外的经济收益。三是果农一般会在林下种植一些低矮的作物、药材、蔬菜或食用菌，在对这些农作物进行管理的同时，也对板栗的虫草危害进行了控制。四是果农还采用物理的方法来防止鸟兽对板栗的危害，如用稻草人来防止鸟害。以上这些方法可对病虫草害进行有效控制，同时又不会对环境产生不良影响，还可以获得更多的经济收益。

4. 养分循环作用

河北宽城传统板栗栽培系统具有明显的养分循环作用，通过该作用使板栗园的土壤肥力能够得以维持，因此，很多百年以上的板栗园仍能维持较高的产量，其作用主要表现在以下几个方面。

首先，板栗园明显的水土保持作用降低了土壤矿物及土壤中各种养分元素的侵蚀量。

其次，按照板栗园传统的做法，果农在收获板栗之前，要对林下的杂草进行清除，然后将清除下来的杂草埋在林木周围的土壤之中。这样，一方面，林下的杂草清理干净便于收集板栗果实；另一方面，埋在土壤中的杂草会逐渐分解，释放养分到土壤中，提高土壤的养分含量，相当于施用了有机肥料。另外，当地果农在采收完板栗果实之后，会将板栗的果壳堆置在板栗树下，这些果壳腐烂后也可以补充土壤有机质和矿质养分。

再次，果农在林下进行的食用菌栽培和家禽养殖也促进了土壤养分的循环。果农将修剪下来的板栗枝条进行粉碎，然后用其作为基质在板栗林下培养栗蘑，而收获栗蘑之后，这些基质也会补充到林下的土壤之中，增加土壤的有机质和土壤养分；在林下养殖家禽时，家禽的粪便同样是板栗土壤养分的重要补充。

（六）独特的栽培技术

1. 栗园建立

（1）立地选择

选择植被较好、25°以下的阳坡或半阳坡建立栗园。以沙壤土、壤土最为适宜，也可选用沙土或砾质壤土，但透体和漏底沙土不宜建园。土壤pH为5.5～7。

（2）整地

①修筑水平梯田。梯田具有条长、面宽、等高水平的特点，利于耕作和灌溉，还可以减轻暴雨时地表径流对坡地的冲刷。梯田分为石砌坎壁和土壁两种，当地农民在取石方便的石质山地采用石块坎壁，在取石困难的土质山地筑土壁。

②修筑环山等高撩壕。这种方法与修筑水平梯田法类似，但比梯田工程简易。为防止壕内雨水集中外溢，可在壕内设横向小拦水埝以缓和水势。板栗栽植在埝内厚土处，两壕间的坡面种植紫穗槐或生草护坡，既起到防止水土流失的作用，也起到保水保肥的作用。

③修建谷坊。沟壑地及谷坊是山水集散地带，坡陡流急，冲刷严重，更需重视水土保持。因此，农民根据地形特点，先在沟谷内自上而下，按沟坡度的缓急程度，每隔5～10米筑成石坝（谷坊），筑坝时先挖好坝槽深60厘米以上，槽底要充分夯实坝槽两端深入到两侧山坡的土层内。

④树坪、鱼鳞坑法。坡度在25°以上的零散地块，因地制宜修筑树坪。在较薄的荒山陡坡，采用挖鱼鳞坑法。挖鱼鳞坑应"水平"定坑，等高排列，坑距4～5米，上下坑错落有序，整个坡面构成鱼鳞状，在雨季以便层层截流，分散地面的径流，一般在栽树的上一年雨季挖坑，并结合土壤改良，填土应稍低于地面，以利蓄水。

2. 栽植嫁接

(1) 苗木选择

选择一二级苗木进行栽植（表5）。

表5　苗木分级标准

等级	苗龄	茎	根　系	芽
一	2年生根，1年生干	高90厘米以上，直径1厘米以上	主根长20厘米以上，侧根6条以上，长20厘米以上，直径0.4厘米以上	充实饱满
二	2年生根，1年生干	高70厘米以上，直径0.8厘米以上	主根长20厘米以上，侧根4条以上，长15厘米以上，直径0.3厘米以上	充实饱满

板栗苗木含水量低，移植时，要注意保湿，严防运输中苗木风干失水。

(2) 栽植方式与密度

板栗栽植形式有长方形、正方形、三角形和等高形栽植等。栽植密度应依地力条件及品种特性而定，瘠薄山地、河滩沙地栽短枝形品种，45～66株/亩；土质较好，水源充足的地方，35～45株/亩。亦可采用2×3米和2×4米高密度栽植，以提高前期产量。利用轮替更新修剪法，控制树冠扩展速度，延长密植园的高产年限。随着郁闭程度的增加，有计划地进行间伐。

（3）栽植时间

板栗栽植可分春栽、秋栽。秋栽的时间以10月下旬至11月上旬为宜，春栽以清明前后（4月上旬）为宜。

（4）栽植方法

春季侧根插瓶栽植： 4月上中旬，苗木定植时先将水瓶（易拉罐、废酒瓶均可）灌满水，将苗木一侧根（粗度0.3厘米左右）插入瓶内，把苗木及瓶一同埋入定植穴内，从二年生的瘪芽处定干，浇足水。水渗下后，将树盘修成直径1米、深10～15厘米的漏斗形状，然后覆盖地膜，防止水分蒸发。

秋季无水栽植： 降雨前，按株距2.5～3米挖好约1平方米的定植穴，每穴施入秸秆或杂草10～20千克，表土在下底土在上，填至距地面15厘米，覆盖长、宽各1.2米的地膜，地膜上扎15～20个直径1～1.5毫米的小孔，以便雨水和地表径流蓄积到穴内。10月中下旬，把地膜揭掉，挖长、宽、深各40厘米的定植穴，将选好的苗木栽入穴内，踏实，并覆盖地膜。12月中旬，土壤结冻前，除去地膜，将树干弯倒，埋土防寒，埋土厚度20～30厘米。翌年春季扒开防寒土，扶直树干，从苗木60～70厘米处的瘪芽处定干，并将树盘修成深10～15厘米、面积约1平方米的漏斗状，并覆盖地膜。

大苗移栽： 起苗时尽量保持根系完整，做到随起随栽，晾晒时间不要过长。大苗定植后，枝干要进行重剪，一般情况下剪到主枝部位，树体较大，可剪到侧枝部位。剪枝的同时进行整形处理，切勿留枝过多，以免蒸发量大，影响成活率。栽后浇足水，第二天复水并覆盖地膜。一般情况下一个月浇1次水即可，避免频繁灌水，土壤温度过低，影响根系生长。

（5）嫁接方法

定植后2～3年进行嫁接。

首先，在3月下旬前完成整形修剪。每株三个主枝剪成一条龙状，并从3/4处短截，其他枝全剪掉。板栗嫁接前不要浇水，避免嫁接伤口出现伤流。其次，于3月中下旬采集嫁接枝。接穗粗度0.6厘米以上，装塑料袋扎严，贮于地窖或山洞，封好窖口、洞口，地面用秸秆遮盖。接穗贮藏期越短，嫁接成活率越高。

枝接4月中旬（气温上升到15℃以上）至5月中旬；嵌牙接4月上旬至5月上旬（表6）。

表6 板栗嫁接技术要点

方法	时期	技术要点
插皮接	4月中旬至5月中旬	砧木离皮，接口平滑、无毛茬，接穗削面长平，削去两侧及背面皮层，操作要迅速，包扎要严，粗砧木可插3个以上接穗
腹接	4月上旬至5月上旬	接穗大削面长2.5厘米，粗度在2.5厘米以下，操作迅速，包扎严实
带木质芽接（嵌芽接）	4月上旬至5月上旬	带木质芽片长2厘米，砧木粗度在1厘米以下，芽片窄可一边形成层对准
光秃带插皮腹接	4月中旬至5月中旬	砧木离皮，在光秃带适宜部位横切一刀，再纵切一刀，在横刀口上0.5厘米处削一半"月"形斜面，接穗可稍长

嫁接时遵循以下技术要求：幼树栽植2~3年后进行嫁接，并掌握树弱不接，粗度不够不接，不成型不接；大树多头高接应结合整型进行；嫁接部位光滑，无浆、无伤残及病虫害；枝接类削好后的接穗应保留3~5个完整饱满芽；形成层要对准，枝接接穗插入后，上部刀口形成层要略高出砧木接面1~2毫米（露白）；将有拉力的塑料布裁成条，将接口包紧包严。

嫁接后的管理要注意以下几点：

①抹芽：抹去砧木上萌生的不定芽，隔两周抹一次。

②当接穗新梢长到30厘米左右时，要绑支棍加以保护。

③摘心：嫁接成活后，当新梢长到35～45厘米时进行摘心，7月以前摘2～3次。

④松接口塑料条：嫁接成活2个月左右，把塑料稍松松，但不要去以保护伤口，防止病虫危害。

摘后10～15天检查成活情况，不活的应及时补接。

板栗嫁接（宽城满族自治县农业农村局／提供）

3. 修剪

（1）修剪时间

冬剪宜在落叶后到来年春季（11月中旬至翌年3月中旬）进行；夏剪在5～7月进行。

（2）整型

根据树体实际生长情况而定，一般应整成下列两种树型。自然开心型适用于土层较薄，立地条件差，干性较弱的品种（品系），主要技术要求为：

①干高60～100厘米。

②主干上选留主枝2~3个，均匀排列。

③主枝上选留侧枝1~2个，侧枝间距60~70厘米。

④侧枝呈背斜着生，左右交错排列。

主干疏层型适用于土壤条件较好，干性较强的品种（品系），主要技术要求为：

①干高80~100厘米。

②主干上选留主枝4~5个，分2~3层，第一层主枝与中心干夹角55°~60°，第二层主枝与中心干夹角45°~50°。

③层间距：第一层与第二层层间距80~120厘米，第二层与第三层层间距75~100厘米，层内距20~40厘米。

④第一层每个主枝选留侧枝2~3个。第一侧枝与中心干距50~70厘米，侧枝间距50~60厘米，第二层主枝选留侧枝1~2个，侧枝排列同开心型。

（3）修剪原则及技术要求

①幼树。

a.以培养树型为主，兼顾结果。

b.以疏剪为主，适当多留营养枝；控制徒长，促进壮枝结果。

c.以夏剪为主，对生长量过大的枝条进行夏季摘心，促生分枝。

d.疏除过密、交叉、重叠、细弱枝和病虫枝。

e.留枝量以每平方米留8~12个母枝为宜。

②结果期树。

a.掌握因树修剪、随枝作型，看芽留枝的原则。

b.强树旺枝适当多留结果枝、发育枝；分散树体营养，缓和树势。行"逢三去一""逢五去二"修剪法，双码留量在80%以上。

c.弱树弱枝适当疏间和回缩，集中树体营养，使树体由弱变强，单码留量在70%~80%。

d.注意结果枝组的修剪和培养，注意选留健壮发育枝（娃枝）

培养成结果枝组。

e. 留枝量根据树势、立地条件、管理水平确定，每平方米投影面积留一年生枝10~12个。

f. 在结果枝组培养和修剪上应行"片码"修剪，保证枝码壮、树势强。

③衰老树。

a. 老树更新，从盛果期开始，根据具体情况，有放有缩，放缩结合，轮替更新，扶壮树势。

b. 回缩更新时，应缩到有分枝处，剪锯口要平，不留短桩，并注意对大伤口的保护。

c. 行实膛、定量、片码修剪。

4. 施肥

(1) 秋施基肥

栗果采收时，将树下枯枝落叶等有机物清理后，挖坑埋藏。栗果采收后，树体内养分亏乏，应施入人畜粪便等有机肥，以利于根系对养分的吸收和有机质的分解。

(2) 夏压绿肥

山地栗园有机肥运输困难，利用山上青棵或杂草压绿肥是一种就地取材的好方法，同时可以增加土壤有机质，改善片麻岩土壤物理结构和化学性能。用量为100~200千克/株。

板栗林下压绿肥（宽城满族自治县农业农村局／提供）

(3) 追施膨果肥

7~8月，板栗幼蓬生长迅速，需肥量较大，此时应追施有机肥，有利于蓬苞膨大，增加果粒重。

参照表7进行。

表7　施肥时间及施肥量表

类型	基肥			追肥		
	施肥时间	种类	用量	施肥时间	种类	用量
幼树	新梢停长后(7月中旬)	农家肥	20~25千克/株	1. 栗芽萌动前（3月下旬至4月上旬） 2. 新梢旺长期（5月中旬至6月上旬）	氮肥，二元、三元复合肥及灰浸液	氮0.5~1千克
结果树	果实采收后（10月初）	农家肥	100~200千克/株	1. 栗芽萌动前（3月下旬至4月上旬） 2. 开花期（6月） 3. 栗实迅速增长期（7月下旬至8月下旬）	氮肥，二元、三元复合肥及灰浸液	氮2~2.5千克

5. 采收

宽城板栗最早熟的品种在8月下旬成熟，最晚则要到10月中下旬，大部分品种在9月上中旬成熟。一株树上的蓬苞从第一个开裂到全树成熟需要7~10天。采收时一定要随熟随采。

拾栗子（宽城满族自治县农业农村局／提供）

(1) 拾栗子

树上的栗蓬自然成熟开裂，坚果落地后捡拾。此方法收获的栗子发育充实，外形美观，有光泽，品质优良，耐贮耐运。必须每天进行捡拾，栗果长时间在地下裸露，会失水风干，影响产量和果品质量。

（2）打栗蓬

板栗开裂40%以上，用竹竿将栗蓬打落，捡起集中堆放在阴凉处，每堆20厘米喷洒少量清水，增加蓬堆内的湿度。蓬堆厚度不宜超过80厘米，5~7天蓬苞开裂后，将栗果捡出。

6. 储藏

（1）临时贮藏

临时贮藏（发汗）是把从树下捡回和从蓬苞掰出的栗果贮藏在阴凉室内或者地窖中。铺10厘米的湿沙后，1层栗果1层湿沙堆藏，最上覆盖10厘米以上的沙层，堆高不超过1米。河沙湿度保持在40%左右（手握成团，手放散开）为宜，平时视沙的干燥度及时喷水保湿。河沙须洁净，先晒2~3天，加入0.1%托布津的溶液，栗堆积厚度30~40厘米，每5~7天翻动检查一次，结合检查沙子湿度，捡出霉坏果，直至板栗出售或冬藏。

（2）冬藏

选排水良好的背阴处，挖深1米、宽0.6米的沟，长度视栗果多少而定。沟底铺放5厘米湿沙（湿沙含水量不超过7%，即半干沙），沙上放一层栗果，栗果厚度不超过5厘米，沙果比例为4:1，如此交替进行，直至距地面20厘米，填沙10厘米，最上部填土10厘米。土壤结冻前，在堆上覆土20~300厘米，防止栗果受冻。如果贮藏数量较多，沟内每隔1.5米竖1把作物秸秆，以便透气。

7. 防虫

板栗病虫害种类较多，在我国危害板栗的害虫有8个目34个科近150种。其中严重影响板栗产量和果品质量的病虫害10多种。当地农民根据病虫害的种类和病虫害暴发时间，总结出一整套的物理防虫和生物防虫技术。

(1) 物理防虫

冬季或早春刮树皮，集中烧焚，消灭越冬卵及各种病菌，然后用黄泥敷到创口表面，用塑料膜包扎，防止害虫爬到树枝叶部位；在栗园内设置黑光灯和性引诱剂，诱杀桃蛀螟成虫；施用高温堆沤或高温灭菌的有机肥，可有效降低金龟子幼虫的虫口密度；剪除被害栗苞，集中烧毁；剪除弱枝，集中焚烧；树干涂黏合剂，成虫上树危害之前，在树干周围涂4~6厘米黏合剂，阻止成虫上树危害。

(2) 生物防虫

保护天敌，利用捕食螨、黑蓟马等天敌控制红蜘蛛；5月上中旬在栗园周围和稀植栗树下种植向日葵（油葵6月上中旬）或玉米等桃蛀螟的喜食植物，引诱它们来进行取食和产卵，然后将葵秸、葵盘及时采收烧毁，消灭害虫；在新植栗园或新嫁板栗园种植菠菜或草木樨，将害虫幼虫引诱到菠菜或草木樨上，然后消灭掉（表8）。

表8　主要病虫害防治

防治对象	危害症状	药剂及剂量	防治时期、方法
栗透翅蛾	枝干被害处流出树液，树皮隆起，慢慢干死脱落，伤疤不能愈合	用性诱剂，大树每株10个，小树每株5个；糖醋罐，大树每株3~5个，小树每株2~3个	1. 性诱剂； 2. 人工刮皮； 3. 挂糖醋罐
栗红蜘蛛	叶面呈现灰白色小斑点，受害严重的叶片失绿成灰白色，早落	用大蒜1千克加水1千克捣烂，过滤，加水10千克稀释，喷雾，或番茄叶2份，水3份混合加肥皂喷液，石硫合剂（萌芽前5度，生长季0.3度），5%的卡死克15倍	当虫口密度在200头／百叶时开始防治，5月上旬刮去树干距地面30厘米的粗皮、宽20厘米的环带，然后在环带上涂药1~2次
栗瘿蜂	新梢、叶片受害处形成瘿瘤，其瘤前期绿色，后期变黄褐至干枯，枝上的瘤冬季不落	—	1. 年年修剪； 2. 接穗检疫； 3. 利用长尾小蜂自控

(续)

防治对象	危害症状	药剂及剂量	防治时期、方法
桃蛀螟	蓬皮、蓬刺、有蛀食斑痕，果实蛀食虫孔较大，栗仁被蛀处有大量虫粪	臭椿叶1份加水3份过滤使用，苦皮藤500～1000倍，灭幼脲3号2000倍	1. 采收后抓紧脱蓬免遭虫害；2. 栗蓬集中堆放后待蓬全部开裂时均匀喷药
栗象实甲	蛀食栗果成坑道洞，洞内有大量虫粪	在栗果堆场处理堆沙	人工防治脱果幼虫
栗疫病	危害枝干皮层初期红褐色，稍凹，病皮上密生黄色小点，后期呈水肿状隆起，内部湿腐，有酒精味，以后病皮干缩凹陷	草木灰1份加水5份过滤使用，10%的碱水涂干，石硫合剂原液涂干，S-921	1. 3月下旬至4月上旬刮除病皮，深达木质部，并刮掉病皮边缘部分新皮，然后涂药；2. 苗木、接穗严格检疫

四

板栗文化

（一）民俗文化中的板栗

由于在汉语中，栗与"立""利"同音，因此在当地，人们将栗子看做是吉祥的象征，可喻示吉利、立子、立志、获利、官吏、胜利。这千百年来，宽城形成了许多习俗，一年到头，所有的节庆、生活都离不开板栗。例如，每年六月的栗花节、九月的采摘节，都是当地重要的节日文化活动。

"人间六月芳菲尽，南山栗花始盛开"，说的就是栗花节了。离县城55千米的南沟门村，因为连续4年举办栗花节而逐渐被世人所识。村里随处可见300多年的板栗古树，一株株板栗古树，树干粗大，巨枝横展，庞大的树冠像撑开的一把巨伞，颇具观赏性。在栗花节开幕剪彩仪式后，还举行精彩的文艺演出，有舞蹈《福开门好运来》、省级非物质文化遗产大口落子传统剧目、快板《乡村振兴谱新篇》等表演，精彩不断。这次栗花节活动共持续四天，为当地的观众及远来参观的游客奉献了一场体验栗乡的地域风情，彰显栗乡文化特色的盛宴。每年栗花节活动的举办，不仅丰富了村子的文化娱乐活动，还进一步传承和弘扬板栗文化，搭建起"四面八方了解宽城板栗，让宽城板栗走进千家万户"的平台，起到加大对板栗古树遗产保护的宣传效果。

"栗花节"开幕式上的文艺表演（宽城满族自治县农业农村局／提供）

　　"八月的梨子，九月的楂，十月的板栗笑哈哈。"宽城县另一个重大的板栗文化节日便是一年一度的板栗采摘节了。

　　九月金秋佳节，宽城艾峪口村的板栗已经在枝头"偷笑"了，农民们迎来丰收的季节。与往年不同的是，今年艾峪口村的板栗采摘入选了首个"中国农民丰收节"系列活动（中国农民丰收节100个乡村文化活动）。中国是农业大国，农耕文化历史悠久、源远流长。"中国农民丰收节"既是亿万农民庆丰收、晒丰收的节日，也是全社会享丰收、助增收的节日。

　　碾子峪镇是中国农业文化遗产——河北宽城传统板栗栽培系统核心保护区之一，板栗栽植历史悠久，定植于1303年的"千年栗树王"就在碾子峪镇大屯村。全镇板栗年产量6 000吨，占非矿区农民

采摘节现场文艺表演（宽城满族自治县农业农村局／提供）

打栗子、捡栗子场景（宽城满族自治县农业农村局／提供）

收入的70%，享有"京东板栗第一镇"的美誉。艾峪口村地处明长城脚下，长河岸边，传统板栗栽培历史悠久，已有3 000多年的历史，全村现有板栗树50万株，年均产量1 000多吨，被誉为"京东板栗第一村"。2018年9月16日，同样在碾子峪镇艾峪口村隆重举办该县"首届农民丰收节暨第三届板栗采摘节"，开幕仪式上有独具民族特色的文艺演出，随后与会领导、嘉宾、游客来到板栗园，共同体验了板栗采摘活动，与栗农一起分享丰收的喜悦。板栗采摘节的连续举办，将唱响宽城板栗品牌，为促进宽城板栗产业和乡村旅游业提供新动能。

除了以上的两个重大板栗文化节日外，宽城还有很多与板栗相关的习俗。如当地人在拜师、求学、升迁、开业、嫁娶和庆寿等重要时刻，人们都以栗子相赠，以祝其大吉大利；清代以后，种栗、食栗、用栗已成为时尚；大户人家娶妻生子，都要栽栗树以示纪念；男女婚配洞房，炕上的四角都要摆上栗子，老人们还会把大枣、板栗缝入新娘的被角，以"枣栗子"谐音"早立子"，以示吉祥，并祝愿早早生子；同时，人们在供奉祖先、祭奠先人时，也都把栗子作为首选之物。这些传统自古一直延续至今。尽管人们都知道栗子是"爷爷种孙子吃"，但宽城人却把它当吉祥之物，一代接一代地发展至今。

新郎新娘"互喂栗子"以示吉祥
（宽城满族自治县农业农村局／提供）

洞房夜"喜坑摆栗"寓意早生贵子
（宽城满族自治县农业农村局／提供）

除此之外，当地的人们介绍板栗花点燃后能驱蚊祛瘟，每到板栗花期季节，人们都拾栗花打成绳，储存起来，进入夏秋季节，家家户户点燃驱蚊绳，不仅用以驱赶蚊子和祛瘟，还能净化环境。栗花盛开时，清香宜人。

千树万树花如穗（栗花）
（承德神栗／提供）

集市商贩售卖"栗花"
（宽城满族自治县农业农村局／提供）

打栗花绳（宽城满族自治县农业农村局／提供）

（二）饮食文化中的板栗

宽城人的饮食生活与板栗有着千丝万缕的联系，板栗文化渗透到宽城人生活的方方面面。宽城具有悠久的栽培板栗和食用板栗的历史，形成了独特的板栗饮食文化。栗子营养丰富，有干果之王的美誉，宽城人们以栽栗子、吃栗子、用栗子为荣。板栗可生吃、熟吃，果肉可做窝头、做粥、做馅，既能当做粮食，又可作果品。其中，"栗子鸡"成为当地接待亲朋好友的重要菜肴。

在当地，端午节吃粽子，八月中秋吃月饼，腊月初八喝腊八粥，春节的年夜饭，栗子都是必不可少之物。番薯栗子、栗子炖干柴鸡、栗枣大米粥、栗子烧白菜和栗子糕是当地餐桌上的著名佳肴，最为著名的当为"糖炒栗子"。"糖炒栗子"被古人称之为"灌糖香"，其烹制技术流传至今。据《辽史》记载，早于辽代王室（916—1125年）便有专门的栗园和专人烹制糖炒栗子。当地人总结糖炒栗子的八字要诀："和以濡糖，借以粗砂"，这样能达到"中实充满，壳极柔脆，手微剥之，壳肉易离而皮膜不粘"的理想效果。在现代餐饮行业，板栗除可以作为主食配料外，还可作辅料搭配其他菜系做成非常不错的美食，如板栗鲍鱼、板栗大虾、板栗排骨汤、板栗瘦肉粥等，营养丰富的板栗不仅增加了菜品的可观赏性，还大大提高其美味性，近年来受到消费者的青睐和追捧。

板栗炖干柴鸡（宽城满族自治县农业农村局／提供）

板栗馅包子（宽城满族自治县农业农村局／提供）

板栗瘦肉粥（宽城县教育局／提供）

板栗排骨汤
（宽城县教育局／提供）

著名的"糖炒栗子"
（宽城满族自治县农业农村局／提供）

栗子剥壳去衣小诀窍

板栗营养丰富，味道香甜，是营养的滋补品和补养良药。板栗最常见是煮着吃，还可以做很多食谱，但外壳坚硬，剥壳、破壳时比较麻烦，下面介绍一些简便省事的方法。

（1）热水浸泡法：首先将板栗用清水冲洗干净，然后放入锅中，加少许精盐，灌入滚烫的开水使板栗全部浸没，盖上锅盖。大约5分钟后取出，这时栗子外壳变软，用刀切开很容易，而且栗子皮会随栗壳一起脱落下来。此法是去除栗子皮最快速且最省力的操作方法。

（2）冰箱冷冻法：将煮熟的板栗立即放入冰箱冷冻层进行冷却，大约2个小时后取出，这时栗子壳与果肉分离开来，剥起来方便也省力。

（3）微波炉加热法：将鲜板栗洗干净放入微波炉专用的玻璃碗中，在碗表面包上一层保鲜膜并用牙签或小刀扎一些口子。将玻璃碗放入微波炉中高温加热大约30秒，里面的一层栗衣和果肉便会自动脱离。注意此法加热之前必须将其栗子外壳用小刀划开一个口，否则会引起微波炉故障。这种方法做出的板栗不仅外壳容易剥，而且吃起来味道也很香浓。

（4）筷子搅拌法：用刀将栗子切成两瓣，将其坚硬的外壳剥掉，放入盆中用热水浸泡，大约10分钟后，用筷子进行搅拌，栗子皮便会与果肉脱离开来，这也是剥栗皮的一种简便方法。

(5) 热胀冷缩法：利用热水和冷水先后交替浸泡3～5分钟，很容易剥去栗衣，且不影响食用板栗的味道。但是此法之前必须先用刀剥去外壳，相对以上方法比较费力些。

一些用板栗作为食材的菜谱

1. 糖炒栗子

材料：板栗500克，海盐300～500克，白糖10克。

做法：

(1) 将板栗洗干净后，用剪刀剪个口子，口子至少1厘米长、2毫米深。

(2) 将剪好口子的板栗在清水中浸泡15分钟，然后用干净的布吸干水分。

(3) 在干净的锅中倒入海盐和板栗，中火慢慢加热，同时用铲子翻炒。

(4) 翻炒几分钟后，板栗的口子张开，加快翻炒，使先前粘在壳上的盐粒慢慢脱离。这个时候撒一勺白糖下去，加快翻炒的速度，不然锅底容易糊。炒到盐粒不再发黏时可关火，然后，盖上盖子闷一会儿以保证栗子熟透。

2. 板栗炖干柴鸡

材料：干柴鸡1只，盐，板栗。

做法：把剁成块的鸡肉放入高压锅，添入没过肉的水，放入剥了皮的板栗，进行炖煮。炖好后放入适量盐，拌均匀即可上桌。

3. 板栗粥

材料：板栗100克，糯米100克，生姜10克，少许盐。

做法：板栗100克去皮、切碎粒，与淘好的糯米100克、拍碎的生姜10克一起煮至米烂汤稠，加少许盐，温热服食。

4. 栗子面窝窝头

材料：小米面、糜子面、玉米面、栗子面、白糖。

做法：将小米面、糜子面、玉米面、栗子面混合，加入白糖、温水，调匀，揉成面团。面团揉到光滑不粘手，放到盘里，赶上盖20分钟左右，揉成圆柱，揪成小剂子做成圆锥形，底部用手指或其他工具戳一个圆洞，上笼屉蒸熟即可。其色泽金黄，口味香甜细腻，是一种很有营养的小食品。

（三）典故传说中的板栗

宽城流传着很多与板栗有关的历史传闻和轶事。

南宋朝廷定都临安后，绍兴年间（1131—1162年），陈福公及钱恺出使金国，走到燕山（现在的宽城一带），忽然，有两个人各拿着10包糖炒栗子献给两位使节，自称"李和之子"，然后挥泪而别（选自陆放翁《老学庵笔记》），这就是著名的"李和炒栗"典故。这个典故一方面说明"李和炒栗"早已名满天下，差不多是"家国"的代名词了；另一方面也说明了当地百姓的爱国情怀，以栗暗示两位使节应不辱使命。

康熙四十五年（1706年），康熙途经宽河城，正值板栗成熟，食后赞曰："天下美味也。"

据说，清代乾隆皇帝一次吃过糖炒栗子后龙颜大悦，写下了《食栗》诗："小熟大者生，大熟小者焦。大小得均熟，所待火候调。惟盘陈立几，献岁同春椒。何须学高士，围炉芋魁烧。"此处的板栗即为宽城板栗。此后，朝廷先后在宽城设立黄庄30多个，向内务府供应粮油及特产，其中最受皇帝和太后们喜爱的就是宽城板栗。

相传，慈禧太后理政无方，但养生有术。她最爱吃栗子，曾命御膳房用上等栗果，精研细磨，佐以冰糖等，加工蒸成栗面小窝窝头，每顿必食。传此为慈禧养生秘诀之一。

（四）文学及书画作品中的板栗

宽城不仅有很多关于板栗的历史传说，还流传下来很多与板栗相关的文学和书画作品，给宽城传统板栗增添了文学的色彩和气息。

宽城板栗具有3 000多年的栽培历史，大量史书均有记载。如《吕氏春秋》有"果有三美者，有冀山之栗"的记载。西汉司马迁在《史记》的《货殖列传》中也有"燕、秦千树栗……此其人皆与千户侯等"的明确记载。《苏秦传》中有"秦说燕文侯曰：南有碣石雁门之饶，北有枣栗之利，民虽不细作，而足于枣栗矣，此所谓天府也"之说。以上记载中的"冀山""北""燕"之地，主要指现在宽城所在的燕山地区，证明了位于燕山山脉的宽城具有极为悠久的板栗种植历史，是我国板栗栽培技术的重要发祥地。

三国时陆玑的《毛诗草木鱼虫疏》称："栗，五方皆有，唯渔阳范阳生者甜美长味，他方悉不及也。"可见燕山一带很早就是板栗的著名产地。

当代著名女作家舒婷曾这样描写糖炒栗子："锅里的石子焦油乌亮，锅前嵌一块滑溜灿黄的铜板，买时现从热锅里掏，

形似"相濡以沫夫妻"的板栗王和板栗后（1303年植，树龄716年，宽城满族自治县农业农村局／提供）

搁一个铜板上，小铲子一压，栗子就张开小口，手势之熟练，节奏极强的脆响，给期待的心情推波助澜。忽然锅里爆开一个大栗子，大家猛地一惊又哈哈大笑，犹如结了一个灯花那样喜气洋洋。"

清代人郭兰皋在《晒书堂笔录》中说："及来京师，见市肆门外置柴锅，一人向火，一人高坐机子上，操长炳铁勺频搅之，令匀偏。"把炒栗子的情景描述得十分生动且具体。

还有史书记载道：用砂置铁釜中，加以饴糖置火上炒热，投栗其中滚翻炒炙，熟后栗壳呈红褐色，去壳后果实松、软、香、甜，为小吃珍品。炒熟后的栗子会在壳上露出一个可爱的小口，微笑地面对它的客人。拨去壳后，香气便肆无忌惮地从温热的体内窜出，直捣你的鼻腔、喉咙、胃。

《析津日记》载："苏秦谓燕民虽不耕作而足以枣栗，唐时范阳为土贡，今燕京市肆及秋则以炀拌杂石子爆之，栗比南中差小，而味颇甘，以御栗名。"

板栗在书画界也享有声誉，古今中外很多大师级画家对栗子也情有独钟，留下很多艺术作品。如梵高的《盛开的栗树》、塞尚的《加德不凡栗子树》、齐白石画栗图和张大千画栗图等，除这些大师级别的画品外，还有宽城本土书画家葛琦和张雷对栗子更是钟爱，对栗子树作画并题词。

梵高的《盛开的栗树》
（宽城县教育局／提供）

塞尚的《加德不凡板栗树》
（宽城县教育局／提供）

张大千画栗图
（宽城县教育局／提供）

现代书画家葛琦的画作
（宽城县教育局／提供）

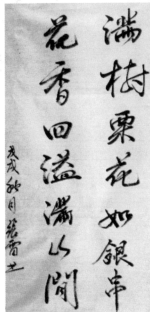

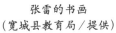

齐白石画栗图
（宽城县教育局／提供）

张雷的书画
（宽城县教育局／提供）

（五）诗词歌赋中的板栗

　　板栗除了出现在文学及书画作品中，还活跃在很多古人的诗词创作中。如宋代诗人苏辙有"老去自添腰脚病，山翁服栗旧传方。客来为说晨兴晚，三咽徐收白玉浆"的诗句，诗中对栗子的食疗功效做出了形象的描述，多食栗子可纾解腰腿疼痛，强筋壮体。

老去自添腰脚病，
山翁服栗旧传方。
来客为说晨兴晚，
三咽徐收白玉浆。
——宋 苏辙

苏辙诗句（宽城县教育局／提供）

　　南宋诗人陆游也曾在《老学庵笔记》中对糖炒栗子作了生动的记述。他喜欢吃栗子，深谙栗子的养生作用，晚年齿根浮动，常食用栗子治疗。正如他在《夜食炒栗有感》诗中所写道："齿根浮动叹吾衰，山栗炮燔疗夜饥；唤起少年京辇梦，和宁门外早朝来。"

　　明代诗人吴宽非常讲究栗子的食用方法，喜欢用栗子和米一起煮粥，以增加营养。在他的《煮栗粥》诗中写道"腰痛人言食栗强，齿牙谁信栗尤妙；慢熬细切和新米，即是前人栗粥方。"这首诗反映出诗人对栗子的钟爱，也道出了栗子粥有补肾气、益腰脚之功效。

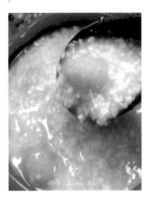

《煮栗粥》
腰痛人言食栗强，
齿牙谁信栗尤妙。
慢熬细切和新米，
即是前人栗粥方。

——明 吴宽

明代吴宽诗句（宽城县教育局／提供）

众所周知，糖炒栗子是宽城当地的重要美食，对其赞咏的诗句也流传甚广，"堆盘栗子炒深黄，客到长谈索酒尝；寒火三更灯半灺，门前高喊灌香糖。"该诗句形象地道出了糖炒栗子这一美食在当时受到的追捧。

堆盘栗子炒深黄，客到长谈索酒尝；
寒火三更灯半灺，门前高喊灌香糖。

糖炒栗子（宽城县教育局／提供）

五 宽城板栗的未来 ——河北宽城传统板栗栽培系统

（一）面临的问题

1. 市场供大于求，出口市场有待开拓

近年来，我国农民种植板栗的积极性不断提高、产量大幅增加，但国际市场对板栗需求增长缓慢。如京东板栗主要出口到日本，近年来的出口量有逐渐下降的趋势，2000年以前为3万吨左右，到了2010年只有2万吨左右，对其他国家的出口，虽有增长但增幅不大。供大于求是制约板栗生产和销售的一个重要因素。在经营出口问题上，加工出口企业以抢客户、争市场为目标，竞相降低出口价格，主动让利以占领市场，造成板栗出口价格不断下降；在板栗收购季节，贮藏出口企业，对板栗收购价一压再压，栗农卖栗难、卖栗贱，增产不增收，栗农利益被严重挤占，发展的积极性受到严重打击。

2. 矿产资源开发带来的挑战

实行无公害栽培，生产无污染、安全、优质、有营养的板栗等食用农产品，是国际社会高度关注、共同倡导的，关系到人类健康和农业可持续发展的重大课题，并已经成为农产品生产与消费的世界潮流。宽城县是矿业大县，矿产资源是当地的支柱产业，而且宽城板栗的分布区恰好与矿产分布区有明显的重合，因此，矿业的迅速发展会对当地板栗产业的发展带来严重威胁。一方面，矿业发展有可能对板栗生长的生态环境造成污染，影响板栗的品质；另一方面，矿业发展会对土地资源造成严重破坏，影响到现有板栗，尤其是板栗古树和古板栗园的保护。因此，如何避免矿业发展对板栗种

植业的不利影响，是宽城传统板栗栽培系统农业文化遗产保护亟需解决的一个问题。

3. 板栗园分布零散，户均规模小，管理上存在困难

大部分宽城传统板栗生产经营的主要方式是农户兼业经营，户均规模很小，且分布分散。这种单户管理和经营方式，具有自发性、盲目性、保守性、不稳定性和信息资源匮乏、专业化程度低等问题，在管理上存在困难，难以独立进行新技术的引进、开发和推广应用。即使大家都已经认可的技术措施，在大面积推广时有时也难以实施。如户与户之间存在争夺公共空间的现象，致使栗园郁闭渐重，产量逐年滑坡，技术改造仍无法进行。另外，由于户均规模过小，所以管理成本偏高，致使效益偏低。

4. 果树技术管理专业人员缺乏，技术支撑体系不够健全

足够的专业技术人员是有机板栗标准化栽培技术推广的关键，但是目前专业技术人员明显不足，专业人员的不足限制了新品种、新技术的推广。另外，一项产业的发展壮大，必须有健全的与其规模相适应的技术支撑体系。但宽城板栗，特别是板栗栽培的新区，还未形成稳定的技术指导机构，大多还是"靠天收"，也有一些老产区，原有的板栗技术指导体系，由于转制、资金短缺和编制变更等原因，使职能转向或缺位，出现老的技术支持体系失灵，新的支持体系尚未建立健全的脱节现象。

5．劳动力流失

随着社会经济的发展，农民就业渠道日益多样化，劳动力不足的问题日益突出。由于在外打工收入远高于板栗种植收入，而板栗种植的技术要求和劳动强度都比较高，因此年轻人不愿继续从事板栗的栽培和管理。目前，板栗的栽培和管理都以老年人为主。由于对板栗栽培的历史文化价值了解不够，多数年轻人对板栗没有感情，这也导致了板栗种植劳动力的流失。

（二）抓住机遇

1．国际上对全球重要农业文化遗产的重视

为了保护农业文化遗产系统，联合国粮食及农业组织（FAO）于2002年启动了全球重要农业文化遗产（GIAHS）保护和适应性管理项目，旨在为全球重要农业文化遗产及其农业生物多样性、知识体系、食物和生计安全以及文化的国际认同、动态保护和适应性管理提供基础。这一创举为宽城传统板栗栽培系统的保护和发展提供了良好的国际环境。

2．中国重要农业文化遗产保护的兴起

为了加强我国重要农业文化遗产的挖掘、保护、传承和利用，农业部从2012年开始开展中国重要农业文化遗产的发掘工作，为宽城传统板栗栽培系统的发展创造了机遇。河北宽城传统板栗栽培系

统拥有悠久的历史和独特的文化，是文化、经济与生态价值高度统一的重要农业文化遗产。但是，在经济快速发展的过程中，由于缺乏系统有效的保护，传统的板栗栽培技术与板栗古树正面临着被破坏、被遗忘的危险。开展重要农业文化遗产发掘工作对保护传统板栗栽培系统、弘扬板栗文化、促进其农业可持续发展、丰富休闲农业发展资源以及促进农民就业增收等都有积极作用。

3. 地方相关部门持续加强扶持力度

承德市政府、宽城县政府等有关部门积极开展宽城传统板栗栽培系统保护和发展工作，提供政策、技术、资金等方面的支持，努力开拓市场，为宽城传统板栗栽培系统的保护和发展创造了有利环境。为促进农民合作组织发展，宽城县委、县政府成立了农民合作组织发展领导小组，建立了统一的协调管理体制，并于2009年出台了鼓励扶持农民专业合作社发展的优惠政策。同时，县政府还搭建了以科研院校为依托的科技创新平台。以上政策为宽城传统板栗栽培系统的发展和保护奠定了基础。

4. 食品安全受到广泛关注

现代农业生产以化肥、农药、除草剂的大量使用为特征，使农产品中农药大量残留，对食品安全构成了极大的威胁。河北宽城传统板栗栽培系统使用板栗专用肥和农家肥作为主要肥料，对病虫害的防治沿用祖辈传下来的传统方法，几乎很少使用农药，确保了板栗产品的安全性。"己所不食，勿施与人"的生产理念，充分反映了宽城人民对板栗安全性的重视。因此，社会上对食品安全的广泛关注将为宽城传统板栗栽培系统的保护提供良好的契机。

5. 山区水土保持工程的大力提倡

水土保持是山区发展的生命线，是国土整治、江河治理的根本，是国民经济和社会发展的基础，是我们必须长期坚持的一项基本国策。通过开展小流域综合治理，层层设防，节节拦蓄，增加地表植被，可以涵养水源，调节小气候，有效地改善生态环境和农业生产基础条件，减少水、旱、风沙等自然灾害，促进产业结构的调整，促进农业增产和农民增收。宽城传统板栗栽培系统主要以水平撩壕、鱼鳞坑等方式栽植，对该地区顺利开展防风固沙、水土保持工作具有重要作用。

6. 高效、生态、可持续发展的新产业化经营模式的推广

国家既要大力发展林业，搞好生态环境建设，又要发展农业，增加农民收入，而这两方面的实现，很大程度上都要依赖土地。人工林高效复合经营技术应用，解决了林农争地的矛盾，促进了农业产业结构调整和农民增收，保证了林业健康持续发展，使国家对林业、农业的有关政策都得到了贯彻落实。宽城传统板栗栽培系统采取林下种植玉米、大豆等间作物，同时林内喂养鸡、鸭等家禽的方式，形成了高效的复合式生态系统。另外，对于每年修剪下来的板栗树枝，用来培养栗蘑，增加了当地农民的收入。所以，河北宽城传统板栗栽培系统就是一种可持续的有机农业生产模式。

7. 休闲农业的快速发展

近年来，随着都市生活压力不断增大，人们越来越喜爱到城郊

农村进行休闲、度假等活动，休闲农业逐渐成为都市人生活的重要组成部分，也是节假日游憩的重要方式。宽城板栗乃"干果之王"，在宽城已有3 000多年的种植历史，全县现存百年以上树龄的板栗树多达10万余株，且宽城板栗果肉香甜可口，味道圆醇，被称之为香甜美味栗，是板栗中的极品，被国内外业内人士称为"中国板栗在河北，河北板栗在宽城，宽城板栗糯、软、甜、香"。因此，宽城传统板栗栽培系统在历史文化、景观及品质等方面都具有其独特性，是一种重要的旅游资源，具有发展休闲农业所需要的各种要素条件。因此，可以凭借宽城优越的地理位置，发展具有特色的休闲农业，带动板栗产业的发展和板栗古树的保护。

（三）保护与发展

1. 保护与发展的目标

依据联合国粮食及农业组织（FAO）提出的全球重要农业文化遗产动态保护和适应性管理的基本思想和中国农业农村部提出的中国重要农业文化遗产的动态保护和适应性管理的理念，分析河北宽城传统板栗栽培系统的面临的主要问题，制定保护与利用的基本原则，确定合理的保护与利用方案，使这一重要的农业文化遗产得到有效的传承和保护。在此基础上，通过推动生态产品开发和遗产地休闲农业的发展，发挥传统板栗栽培系统的生态、经济和社会效益。一是保护具有悠久历史，充分体现人与自然和谐发展的宽城传统板栗栽培系统及其生物多样性。二是保护宽城具有多方面重要价值的、数量众多的珍贵板栗古树和古板栗园。三是保护当地在长期的板栗栽培和利用过程中形成的与板栗有关的生产方式、饮食文化、风俗习惯、传统节日等。四是将河北宽城传统板栗栽培系统建设成为板栗栽培历史研究的科研基地、中国板栗文化保护与教育基地、人与自然和谐发展的生态教育基地、绿色板栗产业发展基地、板栗传统栽培系统农业文化遗产地可持续发展的示范基地。

2. 保护与发展的原则

(1) 保护优先、适度利用

河北宽城传统板栗栽培系统是当地人在长期的生产过程中发展起来的一种可持续的农业生产模式，体现了人与自然的和谐，是人类的宝贵财富，应采取有效措施对其加以保护。保护是为了更好的发展，发展是积极的保护，保护是第一位的，但没有发展就不能做到有效的保护。因此，制定河北宽城传统板栗栽培系统农业文化遗产保护与发展规划，应坚持保护优先、适度利用的原则，以实现遗产地在生态、资源、经济与社会各个层面上的可持续发展。

(2) 整体保护、协调发展

河北宽城传统板栗栽培系统是一个社会－经济－自然复合生态系统，融合生态、环境、景观、文化与技术等物质与非物质遗产特质，规划的制定要遵循科学发展观和可持续发展思想，将该系统作为一个整体来进行考虑，实现整体的保护。同时，该系统又包含若干的子系统，需要将各个子系统综合考虑，实现各个子系统的协调发展。这样才能使河北宽城传统板栗栽培系统农业文化遗产得到有效保护，不会顾此失彼。

(3) 动态保护、功能拓展

河北宽城传统板栗栽培系统本身就是当地群众适应当地的生态环境条件经过长期的发展演变而形成的，它是一种"动态的""多功能的"农业生产系统，对其进行动态保护的关键是实现保持农业生物多样性和农业文化多样性基础上的功能拓展，以提高系统效益和适应能力。

（4）多方参与、惠益共享

河北宽城传统板栗栽培系统农业文化遗产的保护与发展涉及很多利益主体，需要得到果农、企业、政府等社会各界的参与和支持。需要建立惠益共享机制，以提高参与保护的积极性和发展利益分配的公平性。

3. 区域范围与功能区划分

（1）区域范围

河北宽城传统板栗栽培系统遗产地范围为宽城满族自治县境内的18个乡（镇），即宽城镇、塌山乡、碾子峪镇、峪耳崖镇、龙须门镇、板城镇、汤道河镇、化皮乡、罗台乡、孟子岭乡、大地乡、铧尖乡、东川乡、亮甲台乡、苇子沟乡、大字沟乡、大石柱子乡、独石沟乡，总面积为1 952平方千米。遗产地范围内现有板栗树2 600万株，百年以上的板栗古树10万余株。

（2）功能区划分

按照保护与发展的要求，明确划定农业生态、农业文化、农业景观保护、生态产品及休闲农业发展的功能区。根据宽城县板栗资源分布特点，结合宽城县的地形、气候、宽城"十二五"发展规划，整合相关产业的发展要求，将河北宽城传统板栗栽培系统农业文化遗产地，划分为五个功能区，即农业文化遗产核心保护区、旅游休闲农业区、生态循环农业发展区、传统板栗栽培及板栗文化展示区和农业产品开发示范区（表9）。

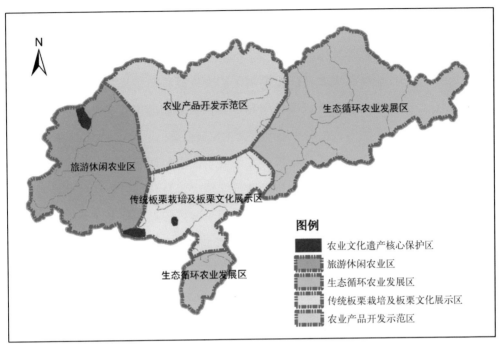

宽城满族自治县农业文化遗产地功能分区（张永勋／提供）

表9　河北宽城传统板栗栽培系统农业文化遗产地功能分区

功能区	涉及乡镇
农业文化遗产核心保护区	塌山乡的西沟村、尖宝山村、塌山村、北场村，碾子峪镇的岭西村、大屯村
旅游休闲农业区	塌山乡的湾子村、清河塘村、清河口村、瀑河口村、椴树洼村，化皮溜子乡、孟子岭乡、造字岭林场、独石沟乡、梓罗台镇
传统板栗栽培及板栗文化展示区	碾子峪镇的碾子峪村、榆树林村、观堂子村、沙窝店村、桃树峪村、孤山子村、榆树峪村、艾峪口村和大板村，峪耳崖镇，东黄花川乡、东大地乡
农业产品开发示范区	宽城镇、龙须门镇、板城镇
生态循环农业发展区	大字沟乡、亮甲台镇、汤道河镇、大石柱子乡、冰沟林场、铧尖乡

农业文化遗产核心保护区内种植板栗的土地及板栗古树，要制定法律法规，进行严格保护，严禁改变土地现有功能，禁止对板栗古树资源的破坏。

旅游休闲农业区主要用于扩大板栗种植规模和合理开发农业休闲旅游产业，为板栗种植和农业相关的旅游产业提供发展空间。在这一区域内，在农业用地上优先发展板栗。

传统板栗栽培及板栗文化展示区主要用于传统板栗栽培技术传承和展示、传统农业技术的科学研究以及传统农业文化的教育和传播。在这一区域内，农业用地用于栽培板栗树优先于其他树种，着重发展有机农业和绿色农业。

农业产品开发示范区主要功能是进行板栗产品研发、加工、商业贸易、生态观光旅游、农家乐和开发板栗文化创意园等。

生态循环农业发展区主要功能是发展板栗及其他经济林种植，发展林下经济，及利用林副产品发展相关产业，开发农业产业循环种植模式。

4. 保护与发展途径

（1）农业生态保护

①保护目标。在规划期内，进行种质资源调查，建立板栗种质资源库、板栗古树及古板栗园的资源数据库，重点保护现有的板栗古树、古板栗园和传统的板栗栽培管理技术；进一步扩大板栗的"全国绿色食品原料标准化生产基地"；在保护当地原有优良品种的同时，不断培育和引进优良新板栗品种；对板栗林的鱼鳞坑、撩壕进行改造，提升截流聚水和水土保持作用，实现水土资源的有效利用。

②保护内容。主要内容包括板栗古树（古板栗园）、板栗品种资源、森林资源、生物多样性、土壤、水、大气等环境资源，传统的板栗栽培技术等。

③保护措施。**制定保护条例，出台相关政策**：尽快制定河北宽城板栗传统栽培系统农业文化遗产保护条例，对传统的栽培技术和板栗古树进行保护；出台相应的政策措施，对板栗的栽培、加工给予农户和相关企业政策、技术和资金上的支持，吸引农户，尤其是从事板栗生产的年轻人，促进河北宽城传统板栗栽培系统农业文化遗产的保护与传承。

进行板栗资源普查，建立种质资源库：在全县范围内进行板栗资源的普查，了解板栗的品种、数量、产量、分布及管理等情况，发掘板栗传统栽培技术，建立板栗种质资源库。

建立板栗古树及古板栗园的资源数据库：在全县范围内进行板栗古树及古板栗园的资源调查，了解板栗古树及古板栗园的数量及

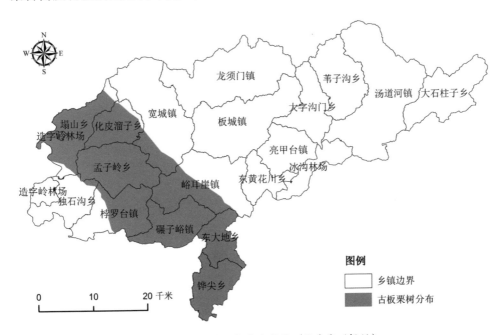

宽城古板栗树资源主要分布区（张永勋／提供）

分布情况，对100年以上的古板栗树进行定株、定位、拍照、编号、建立档案，构建古板栗树及古板栗园的空间资源数据库，为板栗古树及古板栗园的保护奠定基础。

建立板栗古树及古板栗园保护区：在搞清板栗古树资源及古板栗园空间分布的基础上，在板栗古树分布较为集中的塌山乡和碾子峪镇（重点是塌山乡的西沟村、尖宝山村、塌山村、北场村，碾子峪镇的岭西村、大屯村）建立板栗古树及古板栗园保护区，作为河北宽城传统板栗栽培系统农业文化遗产的核心保护区，在核心保护区内严格禁止采矿、修路等活动，保护板栗古树资源及其周围的生态环境。

农业文化遗产地环境监测：建立板栗传统栽培系统遗产地保护区土壤侵蚀、农业面源污染、生活污染监测网络，形成2年一次的定期监测机制，防止水土流失的发生，维持遗产地保护区内土壤、水、大气环境健康，保障遗产地农产品质量安全。

扩大板栗"全国绿色食品原料标准化生产基地"规模：在原有的21万亩的板栗"全国绿色食品原料标准化生产基地"的基础上，选择具备条件的地区，将基地面积由目前的21万亩扩大到25万亩，并且进一步减少农药及化肥的使用。

板栗园水土资源合理利用改造工程：根据当地的降水、地形及土壤条件，对板栗园中的鱼鳞坑、撩壕、水平阶进行改造，使其达到相关技术标准要求，以有效发挥截流聚水和水土保持作用。另外，在有条件的地区，修建集水池，安装滴灌设施，实现水土资源的有效利用。

实施森林经营与保护：按照林业部门的相关规划，对农业文化遗产区的森林资源进行合理的经营及保护，以改善其结构，提高其功能，为板栗的生长及板栗资源的保护提供稳定的生态环境。

（2）农业文化保护

①保护目标。规划期内，使河北宽城传统板栗栽培文化得到保护和传承，对板栗古树以及与板栗栽培文化相关的古村落、古建筑群及构筑物进行修复和保护，建立档案，制定长远保护措施，并通过各种形式宣传、研究板栗文化，增强宽城人民对板栗的认同感和板栗之乡的归属感，在各种适宜场合加强宣传，提高宽城板栗的知名度。建立板栗文化研究中心、板栗文化展览馆、板栗主题公园各1个，出版板栗文化研究系列丛书1套，每年举办板栗文化节。

②保护内容。保护的内容包括百年以上的板栗古树，传统板栗文化及相关知识和技术，包括传统知识、传统技艺、乡规民约、民俗节庆、民间艺术等。

③保护措施。**板栗文化普查及挖掘**：设立板栗文化研究中心，进行全县范围内板栗文化普查，收集相关物质、非物质遗产，包括文学作品、民间故事、民俗习惯、节日等，完善保护制度体系，设立板栗文化研究中心，开展板栗栽培文化教育，提高宽城板栗知名度。

整理出版板栗农业文化遗产保护系列丛书：在板栗文化普查及发掘的基础上，编辑出版板栗文化研究系列丛书，拍摄相关的影视作品，全面、系统地总结传统板栗文化的传承、保护、发展及取得的成就。编写板栗文化知识读本，让农民了解传统板栗文化的知识和内涵，提高农民对板栗文化的认同感和自觉保护意识。

建立板栗文化展览馆和板栗文化主题公园：基于板栗文化的研究与挖掘成果，建立板栗文化展览馆，陈列和展示板栗文化的各种载体；建设宽城板栗文化主题公园，展示板栗民俗、板栗栽培技术、历史人物、板栗品种、板栗食品等内容，宣传板栗文化，丰富城市文化生活。

开展多种形式的板栗文化宣传活动：定期举办"中国宽城板栗

文化节"及"板栗文化研讨会",建立宽城板栗网,恢复有价值的与板栗有关的习俗。采取多种形式宣传板栗文化,让世界了解宽城板栗及宽城板栗文化,提高宽城板栗在全国,乃至世界的知名度。

(3) 农业景观保护

①保护目标。在规划时间内,对100年以上的板栗古树进行清查,了解其分布、生长状况、产量等,建立板栗古树档案。针对单株古树、成片分布的古树、村落周围的板栗古树分别制定保护办法,实施板栗古树保护工程,保护单株古树景观和板栗古树林景观。对与板栗栽培历史有关的建筑、遗址、村落等进行调查,建立档案,制定保护和修复办法,进行有效保护。

②保护内容。景观保护的内容包括百年以上单株古树、古树片林、有古树分布的村落、板栗分布较为集中的山地、与板栗栽培历史有关的建筑、遗迹和村落等,还包括板栗分布区农村环境卫生治理。

③保护措施与行动计划。**单株板栗古树及古板栗园景观保护:**依托建立的板栗古树及古板栗园资源数据库,构建板栗景观数据库,划定保护级别,制定板栗景观保护制度,保护单株板栗古树及古板栗园景观。

森林景观普查及保护:全县范围内对森林景观的调查,根据林业部门、农业部门要求,划定保护区域。

村落、建筑、遗迹的普查和保护:在全县范围内调查与板栗栽培历史有关的村落、建筑、遗迹,对村落进行修复性建设,对古建筑进行修缮,对历史遗迹进行保护。

乡村环境景观美化:配合新农村建设,进行乡村环境景观美化,实现板栗古树保护核心区村庄的庭院干净整洁、无乱堆乱放、无油腻污迹,家禽家畜围养;村落道路整洁,无污水横流,垃圾定点堆放、定时清运、集中处理;农户房屋各类设施、牌匾、标志牌干净整洁、无错别字等。

（4）生态产品开发

①发展目标。在全县范围内发掘生态产品，建立科研支撑体系，选拔、扶植龙头企业，扩建现有有机板栗生产基地，开展产品宣传和品牌建设，打造国家级和省级的知名品牌。

②发展内容。规划期内，引进板栗等林果新品种，同时注重林下生态产品的开发，建设有机林果生产基地，开展生态产品的绿色、有机、无公害与地理标志等认证工作，发展板栗等林果产品与林下产品的深加工，培养龙头企业，打造成熟的板栗等林果产品品牌，开拓国内外市场，带动农民增收、企业增效。

③发展措施与行动计划。产品宣传：充分利用宽城申报中国重要农业文化遗产保护试点的机遇，利用农业文化遗产学术研讨会等各种机会，以及微博、论坛等各种互联网平台推广宽城板栗品牌与其他林果、林下产品品牌，提高河北宽城传统板栗栽培系统的知名度；在电视、广播、报纸、杂志等传媒上多层次开展各类板栗产品的宣传，积极参加各种农产品展览和宣传活动；建立宽城板栗网，集中展示板栗产业基地和板栗市场信息、板栗新技术信息等。

良种选育：依托现有有机板栗生产基地，与科研院所、大专院校相结合，建设树种资源保护及新品种选育基地、优良品种及砧木繁殖基地和良种苗木繁育基地，加快构建林果良种繁育体系。到2015年，选育具有自主知识产权林木果树优良品种2个，每年提供优质接穗500万条，苗木3 000万株，良种使用率达到95%以上。

板栗基地建设：开展以长城沿线铧尖乡、东大地乡、碾子峪镇、梓罗台镇、孟子岭乡、塌山乡、化皮溜子乡、峪耳崖镇、板城镇和宽城镇为主的板栗基地建设。

龙头企业培育：在宽城县政府的支持下，培育一批以果品深加工为重点的林果加工龙头企业，做强林果加工产业，不断延长产业链条，提升林果产业附加值。充分发挥承德神栗等现有果品加工龙头企业示范带动作用，积极发展核桃、苹果、大枣等果品加工龙头企业，通过龙头企业的示范带动作用，不断壮大产业基地规模。鼓励企业采用"企业＋基地＋农户"的发展模式，加强农户技术支持与监督，保障产品质量，带动农民致富。

品牌打造：强化树立品牌意识，增加科技投入，强化宣传，打造"宽城板栗"名牌精品，发展遗产地的板栗产业；依托龙头企业，继续开展无公害果品、绿色食品、有机农产品和地理标志农产品"三品一标"的认证工作，促进标准化、规模化生产。

（5）休闲农业发展

①发展目标。打造宽城传统板栗栽培系统精品旅游线路和知名旅游品牌，将遗产地建成农业文化遗产观光体验、山水游乐、文化鉴赏的特色旅游区，形成以传统板栗栽培系统中特色旅游资源为依托的可持续旅游发展体系。

②发展内容。规划期内，开展遗产地范围内的旅游资源普查，建立旅游资源数据库；建立观光采摘园，开发旅游产品，开展农业观光、休闲旅游项目，打造绿色生态农业休闲旅游带；进行旅游基础设施建设；开展遗产地居民参与能力培养等人力资源建设工作；打造传统板栗栽培系统旅游品牌。

③发展措施与行动计划。**旅游资源普查**：在宽城全县范围内，对各种旅游资源进行详细普查，在现有资源的基础上，深入挖掘与传统板栗栽培系统相关的旅游资源，建立旅游资源数据库。

旅游产品开发：以承德神栗现有的旅游服务中心为依托发展板栗循环有机农业与有机产品生产展示旅游，以都山景区为依托发展建设森林观光区，以碾子峪镇大屯村等古板栗树集中区为依托发展采摘体验、林果产品品尝、遗产地有机食品购物、乡土文化娱乐等农家游项目与遗产地景观旅游项目，形成"一城四中心"的农业旅游发展空间分布格局。以培养和提高遗产地居民参与的能力，增加

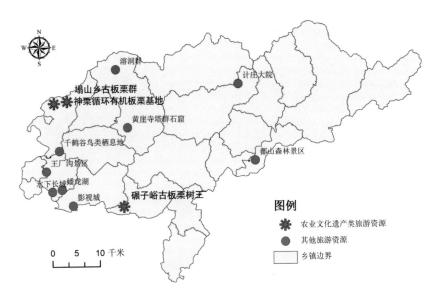

宽城农业文化遗产旅游资源及其他主要旅游资源分布（张永勋／提供）

遗产地居民的旅游性收入。

同时重点完成民俗文化体验区、度假休闲区和农业景观观光带建设，包括：完善旅游产品的开发和布局，在河北省省级工农业旅游示范点和省级十佳旅游产品的基础上，进一步完成多个旅游精品的开发；并对旅游区的生态与环境质量进行全面验证；将遗产地建成农业文化遗产观光体验、山水游乐、文化鉴赏的特色旅游区，形成以传统板栗栽培系统特色旅游资源为依托的可持续旅游发展体系。

旅游基础设施建设：在旅游总体规划的指导下，完成旅游基础设施建设，包括接待设施、道路、景点建设、农业文化遗产标识、指示牌、停车场等硬件设施等。

媒体宣传：将农业文化遗产地旅游纳入宽城县旅游总体规划中，并在电视、报纸等传统媒体与现代网络平台上进行总体宣传；同时通过举办满乡风情旅游节、板栗节等提高传统板栗栽培系统的知名度，打造河北宽城传统板栗栽培系统农业文化遗产旅游品牌。

附录 | 河北宽城传统板栗栽培系统

| 附录1 | 大事记 |

1706年，康熙皇帝途经宽河城，食板栗后赞曰："天下美味也。"

1979年，宽城县委第二次确定农业生产发展方针：以林果为主，农林牧渔全面发展。

1986年，中共中央总书记胡耀邦为宽城县题词"发展林果矿牧"。

2003年，宽城板栗获得了国家质量监督检验检疫总局颁发的"国家地理标志保护产品"证书。

2008年，以神栗板栗为代表的宽城板栗通过了国家有机食品认证、原产地地理标志认证和日本有机农业标准（JAS）认证、欧盟EC有机产品认证和美国NOP有机认证。

2010年，成功注册"宽城板栗"国家地理标志证明商标。

2012年，宽城县板栗栽培标准化示范区被国家林业局正式列为国家级标准化示范区。

2013年12月，河北省宽城县板栗栽培标准化示范区被国家标准评为第七批全国农业标准化优秀示范区。

2014年，被国家质量监督检验检疫总局认定为"生态原产地保护产品"。

2014年，宽城传统板栗栽培系统被认定为第二批中国重要农业文化遗产。

2015年，宽城板栗被农业部选入《2015年度全国名特优新农产品目录》，被河北省品牌节组委会授予"河北名片"荣誉称号。

2015年，宽城板栗荣获2015年度"一县一品"荣誉称号。

2015年，宽城满族自治县举办第一届栗花节。

2016年，承德神栗板栗基地有限公司承担的第八批国家农业综合标准化示范区国家有机板栗综合标准化示范区通过验收。

2016年，宽城满族自治县举办首届板栗采摘节。

2017年，宽城板栗被评为"2017最受消费者喜爱的中国农产品区域公用品牌"。

2017年，宽城板栗荣获全国"商标富农和运用地理标志精准扶贫十大典型案例"。

2018年9月，在宽城满族自治县碾子峪镇艾峪口村举办该县首届农民丰收节。

2018年，宽城县被国家质检总局评为"全国板栗栽培标准化优秀示范县"暨第三届板栗采摘节。

附录2　旅游资讯

　　近年来，宽城县高度重视旅游业发展，始终坚持把发展休闲旅游业作为转型升级、绿色崛起的主导产业来抓，围绕"生态、红色、民俗"三大特色开发景区、景点，大力加强旅游基础设施建设，强力打造生态休闲旅游园区，休闲旅游业取得了较快发展。

　　旅游景区方面：国家A级旅游景区6个，分别是蟠龙湖国家3A级旅游景区、万塔黄崖寺国家2A级旅游景区、都山望海森林公园国家2A级旅游景区、宝山休闲庄园国家2A级旅游景区、菁润农业生态观光园国家2A级旅游景区、塞北江南休闲山庄国家2A级旅游景区；国家级红色旅游经典景区1个，即喜峰口国家级红色旅游经典景区。蟠龙湖是潘家口水库蓄水形成的人工湖，在空中鸟瞰整个湖面恰似一条舞爪摆尾、腾云欲飞的巨龙，故称"蟠龙湖"；景区内湖光山色、雄奇秀美，被誉为"塞外桂林"，与金山岭长城和燕山主峰雾灵山并称为承德"紫塞三绝"，并成功入选"代表河北旅游的30张名片"；主要景点有水下长城、影视城、蟠龙洞、仙居沟、十里画廊等60多处。万塔黄崖寺景区是集佛教文化、辽塔文化和现代旅游文化于一体的汉传佛教圣地，清康熙皇帝钦封的"塞外八景"中的"万塔黄崖、独木仙桥"就位于此景区，景区内暮鼓晨钟，融人文景观、自然景观于一体，赋予佛学的神奇魅力。都山望海森林公园素有"京东清凉圣地、华北朝圣名山"之称，主峰山巅有清康熙皇帝御封塞外八景之一的"都山积雪"，主要有百褶夫人、少女泉、牛王谷、白猿望月、南冰渠、望海娘娘庙等景点和国内珍稀树种木兰科的天女木兰。塞北江南、宝山、菁润3个景区是集休闲娱乐、垂钓采摘、户外活动、山乡风光、乡村体验等于一体的乡村旅游景区，是放松心情、陶冶情操的好去处。喜峰口是明长城的重要关隘，雄踞在滦河河谷，自古为兵家必争之地。1933年3月，宋哲元所部国民革命军第二十九军临危受命，开赴喜峰口一线，据险抗击日军，《大刀进行曲》由此诞生，唱彻华夏。喜峰口长城抗战是中国人民抗战史上的光辉篇章。喜峰口于2006年被河北省委宣传部命名为省级爱国主义教育基地。2011年3月，国家发改委与中宣部、财政部、国家旅游局等14个部委以《关于印发全国红色旅游经典景区第二批名录和全国红色旅游经典景区第一批名录（修订版）的通知》（发改社会〔2011〕692号）文件将承德市宽城县喜峰口长城抗战遗址列入全国红色旅游经典景区第二批名录。

旅游接待方面：旅游接待能力明显提升，星级旅游酒店2家，其中天宝四星级旅游酒店1家，京城三星级旅游酒店1家，兆丰酒店竣工营业。累计发展农家院382家，通过市星级评定151家，能容纳10 000多人住宿就餐，各档次应有尽有；全鱼宴、都山水豆腐、扒鸡蛋等地方特菜肴享有盛名；能够满足大型会议、团体旅游、休闲度假、游客餐饮招待等需求。

旅游交通方面：承秦高速过境，全县有三个下口，交通便捷，贯穿全县的有宽邦公路、北凌公路、京建公路、承秦出海公路等。国省干线将宽城与承德、秦皇岛、唐山、赤峰、凌原、天津、北京等大中城市连接起来，景区内有永喜旅游公路、宝清旅游公路，宽城→板城→亮甲台→都山旅游路，宽城→万塔黄崖寺→椤罗台旅游路等，现正在谋划建设赤曹高速宽迁段，构筑便捷畅达的旅游交通圈，将宽城纳入京津承秦唐旅游环线，打造旅游品牌，建设环线上的旅游胜地。

旅游产品方面：目前，宽城板栗传统栽培系统被批准为全国重要农业文化遗产，神栗板栗基地被评为国家级有机板栗综合标准化示范区，板栗、山楂、栗蘑被国家质检总局批准为国家生态原产地域保护产品，神栗公司被评为河北省工农业旅游示范点，神栗系列食品被评为河北旅游品牌和省、市十佳旅游商品。抓住这些殊荣，积极打造神栗食品成为国家乃至国际旅游品牌。大鑫金银产品被评为中国著名品牌和河北旅游品牌，省、市十佳旅游商品，挖掘慈禧老矿文化，与北京工美集团密切合作，积极开发皇家金银产品。充分发挥品牌引领作用，以点带面，加快承德宝琢酿酒有限公司、河北广盛居酒业有限公司、承德宽和居醋业有限公司、承德御蜂园食品有限公司等企业的特色旅游商品开发推介。重点在现有基础上抓提升，通过对规模、质量、品牌等方面规范引导，培育一批知名旅游商品，以神栗购物中心和大鑫旅游文化产业园为主要平台，将宽城打造成为特色旅游商品集散地。

1. 都山

都山森林公园位于河北省宽城满族自治县南部，燕山山脉东段，属燕山山脉东段的最高峰（燕山第二主峰），主峰海拔1 846.3米。相传，都山是东海龙女的化身，因乞求龙王为燕赵大地降雨，而被赶出龙宫，龙女满心忧伤，天长地久便化作一座高山，龙女的绿衫变成了满山碧树，两行泪水变成长河和都阴河，龙女头上戴的素纱变成了银光闪闪的都山积雪。

都山山峦起伏，群峰陡峻，沟深谷长，森林茂密，物种丰富。植物种类达300多种，境内分布有广泛的天然林，森林覆盖率达94.2%。林中长有北方稀有的原始古树云杉，还有国家一、二级保护树种黄菠椤、核桃楸、紫椴等。山上有动物物种上百种，其中包括国家一级保护动物金钱豹、白鹤、金雕。都山森林公园是一个博大的植物园和种类繁多的野生动物园，园内植物种类丰富，有木兰科天女木兰等珍惜名贵观赏花卉树种；有猕猴桃、山葡萄等野果；有人参、灵芝等名贵中药材；还有众多的林副产品如木耳、蘑菇、蕨菜等；动物种类繁多，森林内常有青羊、狍子、獾猪等野生动物频繁出没。这里的景观有百褶夫人、少女泉、骆驼峰、牛玉谷、三卫神松、白猿望月、南冰渠、长梁花海、望海娘娘庙、都山积雪等，每个景观都是大自然的神功造化，又假以美丽的传说，如入仙境。长梁花海是都山的重要景观，宛如山顶草原，绿草如茵，鲜花盛开，几十种花木争奇斗艳，特别是天女木兰花，是花中珍品，世所罕见。都山积雪是康熙帝御封"塞外八景"之首，远望部分山顶之中堆积有成千上万块白色巨石，石隙中只有少许植物，所以远望如积雪盖顶，身临其境更加神奇。明代边关副使陈所立赋诗咏曰："祈连绝处总燕支，到此回看北斗低。六月山头犹戴雪，罡风吹落蓟门西。"最高层由巨石构成，俗称"大石窟"，中层是由上层经多年雨水冲刷下来的堆积岩构成，下层是由上中层冲下来的土层载积而成的土质肥沃、适宜杂草丛生的洼地，俗称"百草洼"。望海娘娘庙坐落在距主峰百米的山梁上，整个庙宇殿堂从四壁到房顶均为花岗岩石条所砌，现保存完好。

都山一年四季风景如画。春天百花盛开，蜂蝶飞舞，百鸟歌唱；夏季云雾缭绕，云舒雾卷，恍若仙境；秋天硕果累累，枫叶满山，灿烂夺目；冬季银装素裹，美不胜收，是人们回归自然、返璞归真、享受森林浴的绝好场所。

都山森林公园（宽城摄影家协会／提供）

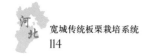
2. 千鹤谷

千鹤谷位于河北省宽城县西南部，总面积100多平方千米，2006年6月被批准为省级鸟类自然保护区。景区属于暖温带半湿润大陆性季风气候，且地处山区，海拔较高，靠近潘家口水库小气候区。年平均气温比城区低3℃左右，夏季凉爽宜人，昼夜温差大，且夏秋两季时间较长，夏季炎热期短，适宜避暑旅游。

该景区是由森林、灌丛、河流、水库、沼泽等多种生态类型组成的一个完整的森林－湿地景观生态系统。茂密的森林和广阔的湿地为陆生脊椎动物（尤为鸟类）提供了丰富的食物资源和良好栖息、繁殖场所，孕育了丰富复杂的、多样的野生动植物资源，形成了湿地动物类群、水生动物类群、森林动物类群、山地动物类群、灌丛动物类群、农田动物类群6类生态类型。区内有野生动物222种，包含鸟类178种。其中有国家重点保护动物和"三有"保护动物198种，国家一级重点保护动物5种（鸟类4种），分别是鹳形目中的白鹳、黑鹳，鹤形目中的白头鹤、大鸨和食肉目中的豹。灰鹤等国家二级重点保护动物26种（全为鸟类）、国家"三有"保护动物167种（鸟类136种）。鸟类无论在种属上还是在数量上都具有一定规模，特别是苍鹭在区内已形成3 000余只的庞大种群规模，构成鸟类的优势种。黑鹳、金雕、苍鹭、秃鹫等珍稀鸟类已形成6 000余只的种群规模。丰富的鸟类资源在河北省乃至华北地区具有典型性和代表性。

在这里你可以欣赏它们优美的体态、缤纷的色彩、自由飞翔的姿态，以及观察它们觅食、鸣叫、求偶等生

千鹤谷（宽城摄影家协会／提供）

活行为。在观鸟中愉悦心情的同时，也将自己融入了大自然，仿佛自己就振翅高飞、自由翱翔在无穷无尽的天空。

3. 蟠龙湖

蟠龙湖位于宽城西南部，是因华北最大水利水电工程——潘家口水库蓄水而形成的人工湖，在空中鸟瞰整个湖面恰似一条舞爪摆尾、腾云欲飞的巨龙，故称"蟠龙湖"。该湖控制滦河总流域面积3.37万平方千米，总库容29.3亿立方米，湖区总面积180平方千米，水面面积74平方千米，宽城境内水面面积占总水面面积的71%；回水长度75千米；特定水位224.7米，正常蓄水位222米，死水位80米；年平均气温9.0～9.2℃，年降水量700～780毫米，年无霜期170～175天。

湖区旅游资源丰富，是华北区域水域面积最大、植被覆盖率最高、历史遗迹保存较为完整的水上休闲旅游区。湖区内水道绵延50多千米，水道内湖水清澈、碧波荡漾、云水相映、如梦如幻；水道两岸峭壁高耸、峰奇石异、古柏苍松，如诗如画。在绚烂多姿的自然美景中，人文景观与自然景观浑然一体，景区文物古迹荟萃，历史、民俗、宗教、生态特色相得益彰。湖区内景观景点多达60余处。这里不仅有十里画廊、盘龙洞、仙居沟、神象山、扁担眼山、神兔望月、驼峰山等钟灵毓秀、数目众多的自然景观；而且还有可追溯到战国时期的万里长城、曹操北征乌桓经过的卢龙古塞遗址、戚继光镇守十六年的喜峰口、潘家口、冀东军分区游击战争的根据地、《大刀进行曲》诞生地等积淀深厚、历史悠久的人文景观；《镇长》《巴掌小学》《鬼子来了》等影视基地同样让游客欣然前往、流连忘返。陈子昂、高适、陆游、戚继光、康熙、高士奇、何香凝等古今名人雅士对此处多诗词称颂。康熙诗《入喜峰口》云"一道鸣銮度，三驱振旅还。莓苔天半石，松栝雨中山。险设关门壮，时

蟠龙湖水库（宽城摄影家协会／提供）

清堠火闲。孝陵佳气近，缥缈翠微间。"整个湖区湖光山色，交相辉映，恰似桂林山水，犹如漓江风光，有"北国江南""塞外桂林"的美誉。与金山岭长城和燕山主峰雾灵山并称为承德的"紫塞三绝"。

4. 喜峰口水下长城

喜峰口水下长城，由于库区里蓄水，所以把一段长城淹入水中，长城由此端蜿蜒入水，又从对岸升腾而出，直跃山冈，形成了著名的"水下长城"景观。两山之间夹一关城，因水浅，关城已露出，共三道城关。长城从山上到水里，又从水里到山上，不停地进进出出，使这个和漓江风景相近的水库多了几分姿色。特别是在大雾里面更能领略到旖旎风光。由蓝旗地溯流而上，是水库景区的精品，有蟠龙洞、小桂林等，风景极美。

喜峰口水下长城（宽城摄影家协会／提供）

5．计庄头大院

宽城清代计庄头大院位于宽城县板城镇椴树沟村，为清中期修建，是当年计姓庄头的居所，被当地人称为计庄头大院。计庄头大院座落在宽凌公路北侧，板城镇椴树沟村，距县城30千米，距都山森林望海公园25千米。原总占地面积100余亩。其中内院占地约10亩，主体建筑计40余间，另有门房、门楼、亭堂、角门、牲口棚等附属建筑10余处，后花园一处。内院建筑为中轴对称三进院落。其中3/4的房屋和两个门楼保存基本完好。后花园和大规模外院现已无存。

庄头是清朝时期不同区域为皇室纳税的代理，由曾经在重大战役中战功卓著的人担任，他们不仅为宫廷征粮，同时也负责地方具体民间事物的一个特殊岗位，皇帝安排庄头也是带有奖励的性质。庄头这个岗位的出现代表一定历史阶段内政治和社会的变化及组成内容。这样的特殊岗位在承德地区有若干个，比如承德大石庙庄头营、宽城板城吴庄头、宽城上院袁庄头等。但这些庄头居所或已经消失，或所剩无几。所以，地处宽城椵树沟的计庄头大院能够保存下来尤为珍贵。

计庄头大院为承德市少见的保存基本完整的清代古民居院落，整组建筑中轴线清晰，满族特色突出，高脊大瓦，前廊后厦，花山重檐，雕梁画栋，功能齐全。东西对称，层层递进。主体建筑高大宏伟，东西厢房错落有致。这处古民居为我们今天了解清代统治者入关初期的一些统治政策和庄头的设置情况，以及庄头与宫廷和地方之间的关系，提供了珍贵的实物资料。

这组建筑的材料都是当时民居建筑中的上好材料。因为庄头的特殊地位，可以用上好的红松做梁架结构，用质量上乘的砖瓦沙石黏土作为建筑材料。特别是建筑装饰突出反映了主人在社会中的地位和当时中国建筑的高超技艺。

6. 万塔黄崖寺

万塔黄崖寺位于河北省宽城县县城西南，有悠久的历史和深厚的文化底蕴。为辽金时期佛教遗址，是我国北方最大的汉传佛教场所，1991年被确定为省级文物保护单位，国家AA级旅游景区、文化旅游景点。

万塔黄崖寺寺庙及塔林始建于后唐天成年间，兴盛于明清，毁于民国时期和"文革"期间。据史料记载，清康熙皇帝曾两次自清东陵经此至承德，其中1711年在此赋诗《御制巡幸出喜峰口过黄土崖》。诗云"紫塞双崖出，丹梯百尺悬。草香遮细路，树老卧晴烟。地为时巡到，山当隘口偏。何年留石室，驻马望层巅。"历史上该寺香客云集，香火不息，在关内外富有盛名。清康熙皇帝钦封的"万塔黄崖""独木仙桥"位于该景区内。

万塔黄崖寺（宽城摄影家协会／提供）

7. 仙台山

仙台山位于宽城县塌山乡西沟村，山体为立方体，只有一条旅游路通达山顶，山顶平坦宽敞。在山顶西北方位有一棵千年古松，松下有一平面巨石，相传曾有仙人在石上对弈，因此称此山为仙台山。仙台山主峰海拔 1 004 米。山上有近 3 000 余亩原始次生林，植被茂密。金秋时节，满山树叶红的、黄的、绿的交相辉映，层林尽染，秋色斑斓。

山顶建有八卦广场，有茅草房、木屋、蒙古包等餐饮住宿设施，有吊床、秋千等游乐设施。山中有许多奇石，有的似观音手持的玉瓶，有的似奔驰的骏马，形状各异，栩栩如生。站在山顶俯瞰县城，隐约可见。远眺蟠龙湖水面，似一块翠玉镶嵌于层峦叠嶂之中。四周群峰陡峭，起伏跌宕，极目四野，茫茫苍苍，让人心旷神怡，是休闲度假的好去处。

8．王厂沟景区

王厂沟景区位于河北省宽城县孟子岭乡王厂沟村，周围群山环抱，植被茂密，农田密布，依山傍水，风景秀丽，空气清新，气候宜人，山、水、田、林等多种自然景观组合良好。宛如一幅"溪涧、流水、人家"的恬静生活画卷，犹如陶渊明笔下"世外桃源"一般。

这里民风淳朴，人们热情好客，居民祖祖辈辈和睦相处，历史上许多人家都住"过道屋"。"过道屋"或2户或3户或4户为一个单元，生活劳作全走一道门，家家都和谐相处，为一起居住的人互相提供方便，有夜不闭户的风俗，充分体现了中华民族家庭和谐和勤劳合作的传统美德。"过道屋"在历史上属于家族院落，随着社会的发展，有的已经分隔开，另开院门。目前，原来格局依然保存，在50多户居民中走过道屋的依然还有20多户。从整体上过道屋原貌保存完好。

王厂沟现为市级爱国主义教育基地，现已被列入承德市和河北省的红色旅游重点景区之一。抗日战争时期，王厂沟是我党冀东军分区司令部、报社、干校、医院等机关所在地，现存有冀东军分区指挥所、军分区医院、军分区报社、"深山红嫂"刘素珍救护伤员地等遗址或遗迹。

1943年5月12日，李运昌司令员、彭寿生参谋长亲率主力到达王厂沟村，在村口中间的一条山沟里，伏击了日本关东军一〇一师团九连队建制的春田中队，历时两天，取得了全面的胜利，这次伏击战，极大地鼓舞了热南党政军民，它对于配合关内地区反"扫荡"起到了良好的作用。当年英勇的王厂沟人民积极配合冀东军区开展了轰轰烈烈的抗日斗争，涌现了"深山红嫂"等许许多多的英雄人物，王厂沟因此被誉为"革命堡垒"。王厂沟现存各类抗战遗址10余处，加之周边青山秀水，景色宜人，吸引了越来越多的游客来此瞻仰革命遗迹，体验当年的革命生活。

附录3 全球／中国重要农业文化遗产名录

1. 全球重要农业文化遗产

2002年，联合国粮食及农业组织（FAO）发起了全球重要农业文化遗产（Globally Important Agricultural Heritage Systems, GLAHS）保护项目，旨在建立全球重要农业文化遗产及其有关的景观、生物多样性、知识和文化保护体系，并在世界范围内得到认可与保护，使之成为可持续农业的典范和传统文化传承的载体。

按照FAO的定义，GIAHS是"农村与其所处环境长期协同进化和动态适应下所形成的独特的土地利用系统和农业景观，这些系统与景观具有丰富的生物多样性，而且可以满足当地社会经济与文化发展的需要，有利于促进区域可持续发展"。

据联合国粮食及农业组织官网显示，截至2019年6月，全球共有21个国家的57项传统农业系统被列入GIAHS名录，其中中国15项。

全球重要农业文化遗产（57项）

序号	区域	国家	系统名称	FAO 批准年份
1	亚洲（9国、36项）	中国（15项）	中国浙江青田稻鱼共生系统 Rice Fish Culture, China,	2005
2			中国云南红河哈尼稻作梯田系统 Hani Rice Terraces, China	2010

(续)

序号	区域	国家	系统名称	FAO 批准年份
3			中国江西万年稻作文化系统 Wannian Traditional Rice Culture, China	2010
4			中国贵州从江侗乡稻－鱼－鸭系统 Dong's Rice Fish Duck System	2011
5			中国云南普洱古茶园与茶文化系统 Pu'er Traditional Tea Agrosystem, China	2012
6			中国内蒙古敖汉旱作农业系统 Aohan Dryland Farming System, China	2012
7			中国河北宣化城市传统葡萄园 Urban Agricultural Heritage – Xuanhua Grape Garden, China	2013
8			中国浙江绍兴会稽山古香榧群 Kuajishan Ancient Chinese Torreya, China	2013
9	亚洲（9国、36项）	中国（15项）	中国陕西佳县古枣园 Jiaxian Traditional Chinese Date Gardens, China	2014
10			中国福建福州茉莉花与茶文化系统 Fuzhou Jasmine and Tea Culture System, China	2014
11			中国江苏兴化垛田传统农业系统 Xinghua Duotian Agrosystem, China	2014
12			中国甘肃迭部扎尕那农林牧复合系统 Diebu Zhagana Agriculture-Forestry-Animal Husbandry Composite System, China	2017
13			中国浙江湖州桑基鱼塘系统 Huzhou Mulberry-dyke and Fish Pond System, China	2017
14			中国南方稻作梯田 Rice Terraces in Southern Mountainous and Hilly areas, China	2018

（续）

序号	区域	国家	系统名称	FAO 批准年份
15	亚洲（9国、36项）	中国（15项）	中国山东夏津黄河故道古桑树群 Xiajin Yellow River Old Course Ancient Mulberry Grove System, China	2018
16		菲律宾（1项）	菲律宾伊富高稻作梯田系统 Ifugao Rice Terraces, Philippines	2005
17		印度（3项）	印度藏红花农业系统 Saffron Heritage of Kashmir, India	2011
18			印度科拉普特传统农业系统 Koraput Traditional Agriculture, India	2012
19			印度喀拉邦库塔纳德海平面下农耕文化系统 Kuttanad Below Sea Level Farming System, India	2013
20		日本（11项）	日本能登半岛山地与沿海乡村景观 Noto's Satoyama and Satoumi, Japan	2011
21			日本佐渡岛稻田－朱鹮共生系统 Sado's Satoyama in Harmony with Japanese Crested Ibis, Japan	2011
22			日本静冈传统茶－草复合系统 Traditional Tea-grass Integrated System in Shizuoka, Japan	2013
23			日本大分国东半岛林－农渔复合系统 Kunisaki Peninsula Usa Integrated Forestry, Agriculture and Fisheries System, Japan	2013
24			日本熊本阿苏可持续草地农业系统 Managing Aso Grasslands for Sustainable Agriculture, Japan	2013
25			日本岐阜长良川流域渔业系统 Ayu of the Nagara River System, Japan	2015

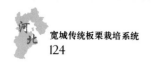
（续）

序号	区域	国家	系统名称	FAO 批准年份
26	亚洲（9国、36项）	日本（11项）	日本宫崎山地农林复合系统 Takachihogo-Shiibayama Mountainous Agriculture and Forestry System, Japan	2015
27			日本和歌山青梅种植系统 Minabe-Tanabe Ume System, Japan	2015
28			日本尾崎可持续稻作生产的传统水资源管理系统 Osaki Kôdo's Traditional Water Management System for Sustainable Paddy Agriculture, Japan	2017
29			日本西粟仓山地陡坡农作系统 Nishi-Awa Steep Slope Land Agriculture System, Japan	2017
30			日本静冈传统芥末栽培系统 Traditional Wasabi Cultivation in Shizuoka, Japan	2018
31		韩国（4项）	韩国济州岛石墙农业系统 Jeju Batdam Agricultural system, Republic of Korea	2014
32			韩国青山岛板石梯田农作系统 Traditional Gudeuljang Irrigated Rice Terraces in Cheongsando, Republic of Korea	2014
33			韩国花开传统河东茶农业系统 Traditional Hadong Tea Agrosystem in Hwagae-myeon, Republic of Korea	2014
34			韩国锦山郡传统人参农业系统 Geumsan Traditional Ginseng Agricultural System, Republic of Korea	2018
35		斯里兰卡（1项）	斯里兰卡干旱地区梯级池塘－村庄系统 The Cascaded Tank-Village System in the Dry Zone of Sri Lanka, Sri Lanka	2017

（续）

序号	区域	国家	系统名称	FAO 批准年份
36	亚洲（9国、36项）	孟加拉国（1项）	孟加拉国浮田农作系统 Floating Garden Agricultural Practices, Bangladesh	2015
37		阿联酋（1项）	阿联酋艾尔与里瓦绿洲传统椰枣绿种植系统 Al Ain and Liwa Historical Date Palm Oases, the United Arab Emirates	2015
38		伊朗（3项）	伊朗喀山坎儿井灌溉系统 Qanat Irrigated Agricultural Heritage Systems of Kashan, Islamic Republic of Iran	2014
39			伊朗乔赞山谷地区传统葡萄种植系统 Grape Production System in Jowzan Valley, Islamic Republic of Iran	2018
40			伊朗传统藏红花种植系统 Qanat-based Saffron Farming System in Gonabad, Islamic Republic of Iran	2018
41	非洲（6国、8项）	阿尔及利亚（1项）	阿尔及利亚埃尔韦德绿洲农业系统 Ghout System	2005
42		突尼斯（1项）	突尼斯加法萨绿洲农业系统 Gafsa Oases, Tunisia	2005
43		肯尼亚（1项）	肯尼亚马赛草原游牧系统 Oldonyonokie/Olkeri Maasai Pastoralist Heritage, Kenya	2008
44		坦桑尼亚（2项）	坦桑尼亚马赛游牧系统 Engaresero Maasai Pastoralist Heritage Area, Tanzania	2008
45		坦桑尼亚（2项）	坦桑尼亚基哈巴农林复合系统 Shimbwe Juu Kihamba Agro-forestry Heritage Site, Tanzania	2008

（续）

序号	区域	国家	系统名称	FAO 批准年份
46	非洲（6国、8项）	摩洛哥（2项）	摩洛哥阿特拉斯山脉绿洲农业系统 Oases System in Atlas Mountains, Morocco	2011
47			摩洛哥坚果农牧系统 Argan-based agro-sylvo-pastoral system within the area of Ait Souab-Ait and Mansour, Morocco	2018
48		埃及（1项）	埃及锡瓦绿洲椰枣生产系统 Siwa Oasis, Egypt	2016
49	欧洲（3国、6项）	西班牙（3项）	西班牙拉阿哈基亚葡萄干生产系统 Malaga Raisin Production System in La Axarquía, Spain	2017
50			西班牙阿尼亚纳海盐生产系统 The Agricultural System of Valle Salado de Añana, Spain	2017
51			西班牙古老橄榄树系统 The Agricultural System Ancient Olive Trees Territorio Sénia, Spain	2018
52		意大利（2项）	意大利温布里亚地区山坡橄榄树林系统 Olive Groves of the Slopes between Assisi and Spoleto, Italy	2018
53			意大利苏阿维传统葡萄园 Soave Traditional Vineyards, Italy	2018
54		葡萄牙（1项）	葡萄牙巴罗佐农－林－牧系统 Barroso Agro-sylvo-pastoral System, Portugal	2018
55	美洲（3国、3项）	智利（1项）	智利智鲁岛屿农业系统 Chiloé Agriculture, Chile	2005

（续）

序号	区域	国家	系统名称	FAO 批准年份
56	美洲 (3国、3项)	秘鲁 (1项)	秘鲁安第斯高原农业系统 Andean Agriculture, Peru	2005
57		墨西哥 (1项)	墨西哥传统架田农作系统 Chinampa system in Mexico, Mexico	2017

2. 中国重要农业文化遗产

我国有着悠久灿烂的农耕文化历史，加上不同地区自然与人文的巨大差异，创造了种类繁多、特色明显、经济与生态价值高度统一的重要农业文化遗产。这些都是我国劳动人民凭借独特而多样的自然条件和他们的勤劳与智慧，创造出的农业文化的典范，蕴含着天人合一的哲学思想，具有较高的历史文化价值。农业农村部于2012年开始中国重要农业文化遗产发掘工作，旨在加强我国重要农业文化遗产的挖掘、保护、传承和利用，从而使中国成为世界上第一个开展国家级农业文化遗产评选与保护的国家。

中国重要农业文化遗产是指"人类与其所处环境长期协同发展中，创造并传承至今的独特的农业生产系统，这些系统具有丰富的农业生物多样性、传统知识与技术体系和独特的生态与文化景观等，对我国农业文化传承、农业可持续发展和农业功能拓展具有重要的科学价值和实践意义"。

截至2019年6月，全国共有4批91项传统农业系统被认定为中国重要农业文化遗产。

中国重要农业文化遗产（91项）

序号	省份	系统名称	批准年份
1	北京（2项）	北京平谷四座楼麻核桃生产系统	2015
2		北京京西稻作文化系统	2015
3	天津（1项）	天津滨海崔庄古冬枣园	2014
4	河北（5项）	河北宣化传统葡萄园	2013
5		河北宽城传统板栗栽培系统	2014
6		河北涉县旱作梯田系统	2015
7		河北迁西板栗复合栽培系统	2017
8		河北兴隆传统山楂栽培系统	2017
9	内蒙古（3项）	内蒙古敖汉旱作农业系统	2013
10		内蒙古伊金霍洛旗农牧生产系统	2017
11		内蒙古阿鲁科尔沁草原游牧系统	2014
12	辽宁（3项）	辽宁鞍山南果梨栽培系统	2013
13		辽宁宽甸柱参传统栽培体系	2013
14		辽宁桓仁京租稻栽培系统	2015
15	吉林（3项）	吉林延边苹果梨栽培系统	2015
16		吉林柳河山葡萄栽培系统	2017
17		吉林九台五官屯贡米栽培系统	2017
18	黑龙江（2项）	黑龙江托远赫哲族鱼文化系统	2015
19		黑龙江宁安响水稻作文化系统	2015
20	江苏（4项）	江苏兴化垛田传统农业系统	2013
21		江苏泰兴银杏栽培系统	2015
22		江苏高邮湖泊湿地农业系统	2017
23		江苏无锡阳山水蜜桃栽培系统	2017

（续）

序号	省份	系统名称	批准年份
24	浙江（8项）	浙江青田稻鱼共生系统	2013
25		浙江绍兴会稽山古香榧群	2013
26		浙江杭州西湖龙井茶文化系统	2014
27		浙江湖州桑基鱼塘系统	2014
28		浙江庆元香菇文化系统	2014
29		浙江仙居杨梅栽培系统	2015
30		浙江云和梯田农业系统	2015
31		浙江德清淡水珍珠传统养殖与利用系统	2017
32	安徽（4项）	安徽寿县芍陂（安丰塘）及灌区农业系统	2015
33		安徽休宁山泉流水养鱼系统	2015
34		安徽铜陵白姜生产系统	2017
35		安徽黄山太平猴魁茶文化系统	2017
36	福建（4项）	福建福州茉莉花种植与茶文化系统	2013
37		福建尤溪联合梯田	2013
38		福建福鼎白茶文化系统	2017
39		福建安溪铁观音茶文化系统	2014
40	江西（4项）	江西万年稻作文化系统	2013
41		江西崇义客家梯田系统	2014
42		江西南丰蜜橘栽培系统	2017
43		江西广昌传统莲作文化系统	2017
44	山东（4项）	山东夏津黄河故道古桑树群	2014
45		山东枣庄古枣林	2015
46		山东乐陵枣林复合系统	2015
47		山东章丘大葱栽培系统	2017

（续）

序号	省份	系统名称	批准年份
48	河南（2项）	河南灵宝川塬古枣林	2015
49		河南新安传统樱桃种植系统	2017
50	湖北（2项）	湖北赤壁羊楼洞砖茶文化系统	2014
51		湖北恩施玉露茶文化系统	2015
52	湖南（4项）	湖南新化紫鹊界梯田	2013
53		湖南新晃侗藏红米种植系统	2014
54		湖南新田三味辣椒种植系统	2017
55		湖南花垣子腊贡米复合种养系统	2017
56	广东（1项）	广东潮安凤凰单丛茶文化系统	2014
57	广西（3项）	广西龙胜龙脊梯田系统	2014
58		广西隆安壮族"那文化"稻作文化系统	2015
59		广西恭城月柿栽培系统	2017
60	海南（2项）	海南海口羊山荔枝种植系统	2017
61		海南琼中山兰稻作文化系统	2017
62	重庆（1项）	重庆石柱黄连生产系统	2017
63	四川（5项）	四川江油辛夷花传统栽培体系	2014
64		四川苍溪雪梨栽培系统	2015
65		四川美姑苦荞栽培系统	2015
66		四川盐亭嫘祖蚕桑生产系统	2017
67		四川名山蒙顶山茶文化系统	2017
68	贵州（2项）	贵州从江侗乡稻鱼鸭复合系统	2013
69		贵州花溪古茶树与茶文化系统	2015
70	云南（7项）	云南红河哈尼稻作梯田系统	2013
71		云南漾濞核桃－作物复合系统	2013

（续）

序号	省份	系统名称	批准年份
72	云南（7 项）	云南普洱古茶园与茶文化系统	2013
73		云南广南八宝稻作生态系统	2014
74		云南剑川稻麦复种系统	2014
75		云南双江勐库古茶园与茶文化系统	2015
76		云南腾冲槟榔江水牛养殖系统	2017
77	陕西（3 项）	陕西佳县古枣园	2013
78		陕西凤县大红袍花椒栽培系统	2017
79		陕西蓝田大杏种植系统	2017
80	山西（1 项）	山西稷山板枣生产系统	2017
81	甘肃（4 项）	甘肃迭部扎尕那农林牧复合系统	2013
82		甘肃岷县当归种植系统	2014
83		甘肃皋兰什川古梨园	2013
84		甘肃永登苦水玫瑰农作系统	2015
85	宁夏（3 项）	宁夏灵武长枣种植系统	2014
86		宁夏中宁枸杞种植系统	2015
87		宁夏盐池滩羊养殖系统	2017
88	新疆（4 项）	新疆吐鲁番坎儿井农业系统	2013
89		新疆哈密市哈密瓜栽培与贡瓜文化系统	2014
90		新疆奇台旱作农业系统	2015
91		新疆伊犁察布查尔布哈农业系统	2017